别墅庭园
规划与设计

凤凰空间·华南编辑部 编

江苏人民出版社

目录

PART IV　日式庭园

PART VI　综合式庭园

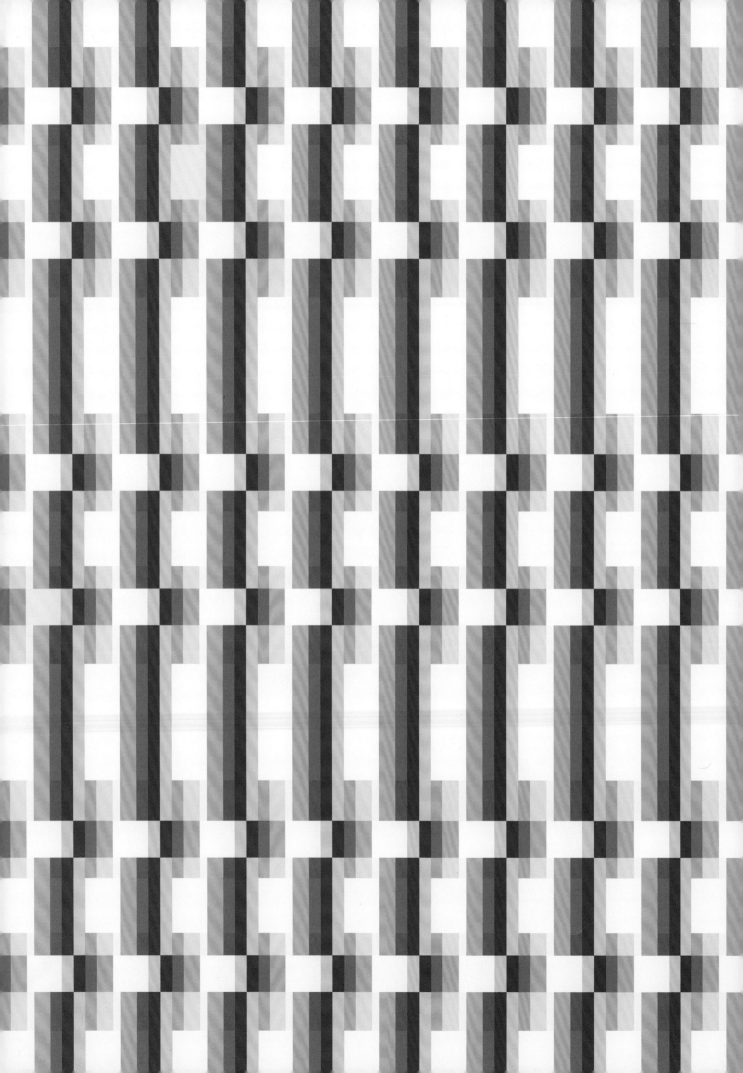

THE
CONSTITUTION
OF
GARDEN
DECORATION

PART I | 庭园装饰构成

在别墅庭园的设计中，许多人都会考虑使用装饰品。一个形象鲜明的装饰品，并不需要十分复杂，可以是一个摆放位置恰到好处的瓷罐，一个设计巧妙的棚屋，或者是一个色彩鲜艳的花池等。选取装饰品的位置时，要综合考虑周围的植物、采光以及参观者的主要视角，这些因素都会影响装饰品的观赏效果。但无论是怎样的别墅环境，其装饰原则都是不变的。植物、硬质景观和其他装饰元素共同构成了庭园的整体景观，将这些景观元素有机地组织起来，就能在庭园中形成统一的美感，营造独特的韵味。

1. 形式和形状

物体的形态是由线条构成的，人们往往也会根据这些线条的排列和组合去感知物体。平行排列的线条往往会带给我们秩序井然的感觉，但如果在这些平行线条上无次序地添加其他线条，马上就会让人觉得非常混乱。视觉上的轻重对比在景观中有很重要的作用，如果在规划庭园的一侧添加一个方形或者圆形，很容易就会将人们的目光汇聚至此，而在另一端也添加一个同样的方形或圆形，立马又会产生一种对称、均衡的效果。

至于物体的形状，就取决于其发挥的功能和选用的材质了。形状细长的物体，可以选用木质材料和金属材料（或者将之切割使用）；形状低矮的物体，则可以选用一些陶瓷制品（如花盆），或水泥制成的花池等。

圆形、矩形和三角形是最基本的形状，其他形状均以此为基础变化而来，每种形状都有自己的独特个性。由于这些几何形状本身简单明了，在确定各要素的关系上具有严格的制约作用，因此，这些形状被广泛应用于各个设计领域之中。熟练掌握这些基本形状，在设计庭园的空间布局上就可以创造出多种不同形式的功能空间。

矩形

矩形是最简单和最有用的设计图形，在庭园空间设计中也是最常见的组织形式。在一个庭园里，可以将小区域设计成矩形，也可以将树篱围起的花坛设计成矩形，还可以在其中围出一块矩形的中心区域，用来摆设各种装饰小品，甚至还可以把一块区域分隔成几个更小的矩形空间，以增加其游玩的趣味性。

圆形

圆形给人以完美的感受，它的魅力在于简洁、统一和整体，具有外形小、体积大、包容感强的特点。在庭园设计中圆形的应用很广，如在铺地图案中，圆形可以排列成一行，相邻的圆环互相重叠，构成对称的图案；在景墙或者庭园入口，也可以设计一个圆形的拱门。一些圆柱形的立体构件也广泛应用于庭园中，例如建筑立柱、圆柱形的花盆等。

三角形

　　三角形具有结构稳定和外形突出的特点，同时也给人纯粹、简单的感觉。多个三角形有规律地组织在一起会带有一种运动的趋势，在庭园的道路铺装上有序列性地设计多个三角形会在视觉上产生动感的延伸效果，树池上的设计也是如此。

螺旋形

　　螺旋形是圆形的一种变形。庭园中常用一些钢条制作的螺旋形配件进行装饰，还有些植物也可以修剪成螺旋形，比如修剪黄杨等。攀援植物支架的一部分也可以做成螺旋形，形成一处螺旋形的植物小景。在水景方面，我们可以设计一些螺旋形水路；而在地面铺设方面，则可用瓷砖拼出螺旋形图案。此外，日式庭园枯山水景观中也有用沙砾耙出螺旋形的图案的例子。

2. 装饰图案

图案就是一系列形状所构成的图形。而形状主要是通过平面构成要素中的点、线和面得以表现。在设计中，点、线、面可以构成无数种图案，可以通过强调形状而表现理想的效果，如通过加强静止感或使用有方向感的线条产生动感。

图案的尺寸与场地大小有密切的关系。大面积场地应使用大尺度的图案，以助于表现统一、整体的效果；反之，如果图案太小，就会显得琐碎。

为了将别墅庭园里各种装饰元素有机地组合在一起，形成一个既统一又有变化的空间，需要一个紧凑、空间布局合理的结构。从逻辑上讲，设计应该从地面开始。地面的装饰图案虽然不如立面上的装饰图案引人注目，但是，小径和平台的图案铺设在庭园的构图方面起着非常重要的作用，它可以影响到整个庭园的风格定位，也能在视觉上起到强化空间的作用。

装饰图案的形式种类繁多，各种造型的石材、栈木、水泥地砖、鹅卵石、瓦片等材料在图案装饰方面起到了重要作用，特别是在路面铺装方面，其发挥的空间更大。例如，彩色拼图或者是类似地毯花纹的地面，需要鹅卵石和石材相互配合设计；而各种美丽生动的装饰图案一般通过镶嵌和拼贴的方法制作。当然，在立体表现上，我们也不能忽视利用植物的造型、色彩设计出各种美丽的图案。立体花坛作品造型各异，植物色彩丰富，被称为"植物马赛克"，广泛应用于各类庭园设计中。

3. 质感和纹理

人对材料在视觉和触觉上所产生的审美效应，称之为质感。纹理则是视觉感觉到的材料的表面肌理特征，如色彩、透明度、光泽度、明暗效果和凹凸对比等。

不同质感和纹理的材料给人的感受千差万别。大理石给人的感觉非常坚硬，饱经风吹雨淋的石头则显得古朴粗糙，长满青苔的鹅卵石却又让人觉得特别光滑。总之，材料的质感和纹理是在庭园装饰中需要考虑的重要因素。

木制饰品具有特别的质感与纹理，在别墅庭园的应用中非常广泛，如木质的拱门、木质的小桥、木质的装饰格架、木质的休息座椅等，能带给人一种温暖、温馨的感觉，但木制饰品在后期往往需要特别的维护，若维护不当，庭园的装饰效果便会大打折扣，这是在设计初期就必须考虑的因素。

石材和木材一样，都拥有诱人的质感，也是手工雕刻的优秀材料，但石材比木材具有更强的抗腐蚀性。如砖石结构的凉亭和座凳只要质量没什么问题，都可以是永久性的，但木质结构就未必了。

植物的质感是植物重要的观赏特性之一，却往往最易被人忽视。它不像植物的色彩般引人注目，也不像植物的形态和体量般为人们熟知，但叶片、树皮、枝条的粗壮与细柔等外形质感却可以表达出丰富的情感，具有较强的感染力。

不同质感的植物在景观中具有不同的特性。粗质型植物因看起来强壮、坚固、刚健，一般较少运用在别墅庭园区域；细质型植物看起来柔软、纤细，但在庭园中一些紧凑、狭小的空间中特别有用；中粗质型植物表达的情感介于粗质型和细质型植物之间，它能起到很好的调和作用，使整个庭园的风格能够统一起来。

金属材质也有许多独特的质感。铁制饰品表面经氧化后会生锈，但充分发挥想像力也可以创作出另类的作品，如锈迹斑斑的小品摆放在庭园的花草丛中能够表现出一种诱人的田园风情。不锈钢材料的表面坚硬，不会生锈，能够一直光洁如新，经常被现代派的园林设计师使用，创造出整洁、清晰的线条。

显然，庭园中所选用的材料（包括植物）的质感和纹理直接影响着庭园的风格和氛围。但无论哪种装饰材料的选择，都需要与周围的环境协调和吻合。

4. 色彩
....

色彩具有鲜明的个性, 暖色调热烈、兴奋, 冷色调优雅、明快。明朗的色调使人轻松愉快, 灰暗的色调则给人沉稳宁静的感觉。

在造园的书籍中, 一般很少提及庭园中装饰品的色彩设计, 而事实上这些装饰品一年四季都在用自己的色彩装点着庭园。在别墅庭园里添加一些色彩斑斓的人工饰品, 其实一点都不会影响院子里面盛开的鲜花和绿色植物。只要在设计的时候精心选择, 两者是可以协调统一的, 毕竟庭园里面不应当只有绿色。冬天的时候, 北方的庭园里只剩下光秃秃的树枝, 某些彩色装饰品的作用会更加明显。

色彩的装饰效果立竿见影。不论是栅栏、休息座椅、雕塑小品, 还是装饰性的构筑物, 只要色彩亮丽, 马上就能让庭园焕发生机。如在亮丽的花盆中种上各种花卉, 本身就是一种充满异国情调的展示。瓷砖和彩色马赛克能够反射出璀璨的光彩, 表现出丰富质感, 用它们来装饰地面或桌面, 可以产生生动的装饰效果。而对于那些分散布置、形状各异的装饰元素, 可以运用一个整体的色调把它们统一起来, 比如统一窗户和门的装饰细部的色彩, 或者是选择深绿色的凉亭或拱门, 让它们与植物色彩融为一体。

在庭园中种植的植物有时会因其花、果、叶的色彩在运用上受到限制, 但植物的色彩感觉通常比其他装饰品更为显著。例如柔和的淡粉色在庭园中就能产生宁静与和谐的气氛; 以橙色为主调的庭园色彩设计中, 宜用砖红色作为色彩背景; 花园中的红色花卉非常引人注目, 尤其在绿色的陪衬下, 显得更为醒目和热烈, 同时也带给人们一种喜庆的气氛; 白色属于冷色调, 由于传统思想的原因, 一般家庭较少使用白色花卉植物, 但在狭长的庭园设计中, 如一端配置白色, 可产生长度缩短的视觉效果, 同时也能引导视线; 黄色则使人联想到阳光, 因此在庭园的阴暗位置配置黄花植物或黄叶植物, 可活跃气氛, 令人感觉愉悦。

5. 声音

自然界有很多种声音，轻松欢快的，尖锐刺耳的，不一而足。而在一个小小的别墅庭园里，也可以营造出很多种声音——竹叶在风中的轻摇声、喷泉哗哗的溅落声、小猫小狗的追逐声，还有小鱼儿在池塘里的嬉闹声等。

声音是一个看不见的无形元素，设计师常常会忽略这一点，他们会更多地关注一些有形的东西，比如视觉所带来的实体景观效果等。但如果设计师能巧妙地运用声音，用这种无形的元素为有形的景观服务，无疑将给你的庭园增添亮色，当然，这也对设计师提出了更高的标准和要求。

水是所有庭园设计因素中最迷人、最浪漫的元素之一，而声音又是水景设计的关键所在，特别在四周有围墙的别墅庭园中，声音效果将更为突出。

水声虽然能够激起人们与自然界亲近的欲望，但设计时要充分考虑水声对家庭的影响。水流急促，声音过于强烈，可能会影响到居室内与客人之间的交谈；相反，水流太慢，甚至一滴滴地滴下，声响太小，则可能会使人感到有些不愉快。所以在设计水景的时候，一定要进行缜密的考虑。对于面积较小的别墅庭园，建议运用涓涓细流，因为它可以营造出安详、宁静的气氛，有利于繁忙都市人身心放松。

有水的地方自然就会有鱼儿的存在，特别对于广东、香港、台湾一带的别墅业主来说，一般设计水景的时候都会在里面饲养鱼类，寓意生活年年有余。别墅庭园里设置的水景，水槽不要太深，浅水可方便吸引附近的鸟儿过来饮水、梳理羽毛，也方便小猫、小狗在此解渴。

在庭园中种植树木，要预先考虑树叶的声音效果。例如竹子和一些较高的草本植物可以种植在小径边，走过去的时候，身体擦过树叶就会发出令人愉悦的沙沙声。

我们也可以巧妙地运用风。在门口或门廊里挂一串风铃，有人经过或起风的时候，它就会发出特别悦耳的声音，令人精神为之一振。

6. 味道

　　味道也是一个无形的因素。许多构筑物的材料都具有淡淡的气味，并且在景观中散发这种气味，新的原木料能将木头的气味散发到空气中。沥青、铺垫材料、土壤都有特殊的气味。在此，我们主要讲讲植物的味道。

　　植物可以散发出独特的味道。现在的园林植物除满足人们视觉欣赏的基本需求外，生态和环保的功能也愈来愈受到人们的重视，于是芳香植物便广受青睐。

　　芳香植物能散发芬芳气息，除气味芳香外，还具有安神、镇静、洁净身心的功效，也可以净化周边环境。别墅庭园里可种植的灌木类芳香植物有含笑、九里香、夜来香、栀子花等，小乔木类芳香植物有柚子和桂花等，草本类芳香植物则有薄荷、驱蚊草、薰衣草、紫苏、荷花、水仙等。它们均可以散发出特别的味道，有些甚至还可以药用和食用，但要注意不同季节和不同花期气味的冲突。

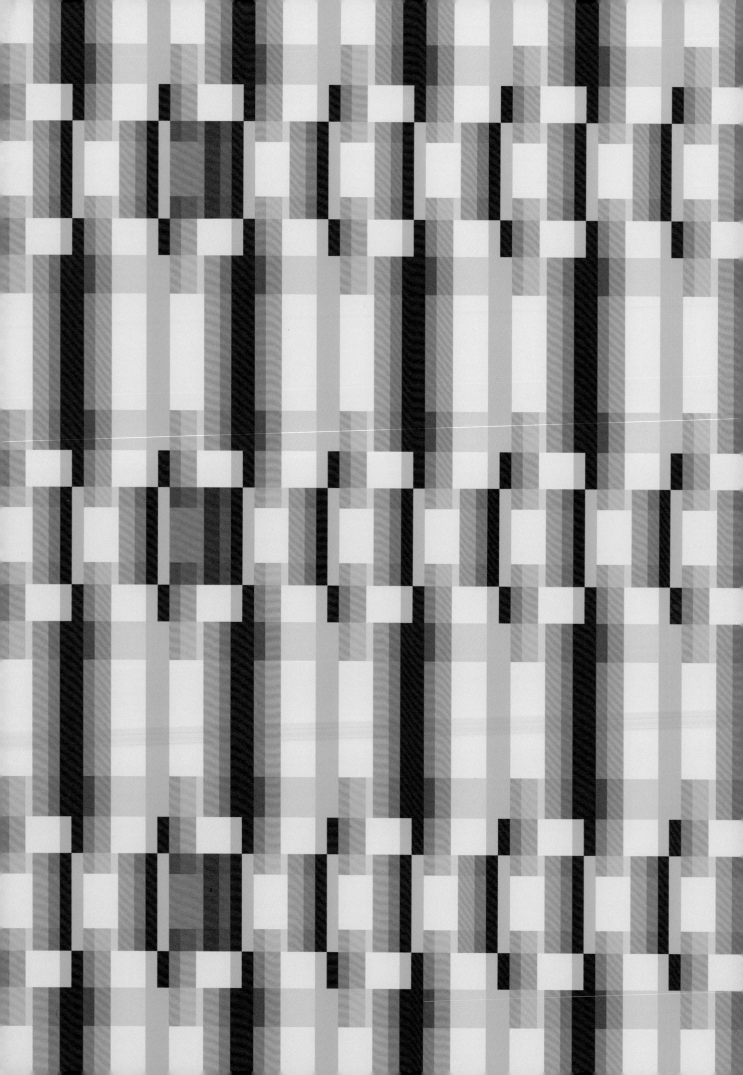

PART Ⅱ | 庭园装饰元素

在别墅庭园里，装饰品的种类和装饰方式是多种多样的，不同的变化组合能创造出多种不同的空间感觉。任何物品，只要能够在庭园中发挥一定的作用，都可以作为装饰品使用。不同的装饰品可以让参观者产生各种不同的反应，而周围的环境则影响着装饰品的风格选择。此外，装饰品与所在的背景相结合，能够反映出园主对艺术、文化和个人生活等方面的看法，而不仅仅是一个庭园风格的体现。

1. 小径和平台

从逻辑上讲，庭园设计应当首先从地面开始。地面上的装饰虽然不如立面上的装饰引人注目，但是，小径和平台的铺装图案在庭园的装饰风格定位方面却起着非常重要的作用。庭园小径不仅可以供人行走，同时也起着引导的作用，告诉观赏者该在什么地方驻足观赏。

小径的形式与铺装效果主要取决于铺地的材料，因为材料的选择决定了能否达到预期设计的效果。铺地的材料有很多种，在行走频繁的地方，适宜选用花岗岩、水泥砖等坚固耐磨的材料，砾石、鹅卵石则可用在不必担心磨损的地方。

至于图案的设计，要取决于铺地材料本身的特性与形状。用规格相同的石片铺设的小径，其铺贴方式多为方格形、"工"字形与"人"字形等，碎石片的铺贴方式则常为冰裂纹和虎皮纹。陶瓷砖有方形、扇形等形状，可以在路面组合成方形或波浪形等图案。马赛克因块小而薄，且色彩丰富，容易拼成各种图案，装饰效果好，常用在需要用图案来表现的特殊地方。黏土砖和水泥彩砖，虽有易磨损的缺点，但因其色彩丰富易于施工，也常用于步行小径。卵石通常以平铺的居多，但竖铺小径可具有按摩脚底的功效。单一的鹅卵石铺装小径有时会略显单调，可在卵石间加若干石块组合，或者在地面上用砖块拼成正方形图案，里面填充鹅卵石，使材质和图案的线条形成有趣的对比。

木板的铺装自然而富有情趣，在庭园中多用于生活平台，但因其要长期接受雨水侵蚀，所以宜选择耐湿防腐的木料。木板小径是最适宜装饰有地形高差的区域的。一尘不染的木板池沿可与植物一起营造出宁静的景观。而木花架下面的小径，则可用木板和鹅卵石交替铺置，形成鲜明的对比效果。

2. 栅栏和围墙

前面所述的小径和平台是从平面上来装饰庭园的，而在立面上，首要的装饰元素便是围墙和栅栏了，它们不仅起到了围合空间的作用，而且还提供了创造立面景观的功能。

栅栏和围墙在景观设计中的角色定位，对庭园产生了重大的影响。可以这样说，一所庭园的好坏在很大程度上取决于其屏蔽的设置。私密的空间固然重要，尤其对于现代都市中的庭园而言，但同时要注意不要把围墙修得太高，避免像"没有文字的警示牌"一样，导致人们望而却步，也使空间显得过于阴森或寂静。

庭园越小，越要注重栅栏和围墙的处理。铁栅栏能唤起一种庄严而高雅的感觉，尤其适合于城市庭园。但由于铁制品容易生锈腐蚀，且在夏季的暴晒下会变得灼热无比，

而在严寒的冬季又会变得十分冰冷，故在栅栏边种植攀缘植物可以起到更好的美化和调节温度的作用。

现代文明使栅栏与围墙的防御功能降低，因此，栅栏与围墙越来越通透和轻盈。在别墅庭园中，木桩栅栏比较常见，还有一些草质、竹质的围墙，显示出原始的田园风味。有些则保留了过去花格墙的形式，作为建筑的一种延伸，但是在装饰上趋于简洁；有些则成为植物和其他景观要素的背景。

无论是在别墅庭园里设置墙体或栅栏，我们都要切记"借景"——哪怕是越过绿篱只能看见邻居庭园中的树木或灌丛。这些"借景"有助于延伸自己庭园的视觉范围，并给庭园增添一定的层次感和些许荫凉。

3. 水景

在庭园的所有元素中，水景是最具魅力的，它给我们一种自然的恬静和怡神的感觉。

溪流

溪流是人们在庭园中喜闻乐见的水景形式，它所呈现出的不仅有视觉上的美感，还有听觉上的享受，但溪流给予的视听效果有赖于围筑溪流的山石。

瀑布、跌水

瀑布、跌水也是庭园中常见的水景形式，水顺着地势的高差由上而下，景观效果丰富多彩。设计这一类水景，通常采用叠石的形式塑造制高点作为出水口，同时瀑布水流也因叠石的不同发生相应的变化。

花洒式喷泉

花洒式的喷泉也是经典的庭园水景，这种水景多用于规则的欧式园林，它可以建在阴凉的地方，以突出喷泉的效果，但要求庭园的面积相对较大，避免出现紧迫与粗俗的感觉。

池塘

如果空间允许的话，可以在庭园中建一个池塘。池塘的造型往往都不会很规则，这是为了尽量消除人为的痕迹。池塘的边缘可放置一些石头，也可种上水生植物或分界植物来装点，水里种上的睡莲，其叶面形状会与水面相映成趣。

如果想在池塘养鱼，请注意要保持池壁光滑，保证鱼儿不至于因撞上池壁而受伤。就一般庭园来说，池塘深度不应超过50~60cm，如果专为喂养大锦鲤而建，深度可稍深一些。在池底可见之处，可将鹅卵石与灰浆结合在一起，这样显得更为自然。

泳池

　　泳池在户外花园的水景中具装饰性与实用性两种功能。泳池在满足娱乐运动的同时，其优美的平面形状与色彩，也成为园中美丽的装饰，为花园带来清新宜人的气息。

4. 小桥

小桥在视觉效果上占据着显眼的位置。它的选材范围很广，有木材、钢铁等。木材是一种用途广泛的装饰，它结构坚固，可以针对不同风格制作出各种形状的小桥。木材表面可以漆上不同色彩的油漆，也可以让其硬质的原木材料保留天然的质地纹理，显示粗犷的效果。钢铁也是一常用材料，其强度大，可以制作出大型结构的桥梁，但在别墅的小型庭园中用得较少。

自然式水体的设计，讲究水面有开有合，小桥的形式还可以进一步简化。通常在水面狭窄的地方，就会设置汀步而过的通道，汀步相比小桥而言，更显活泼、自然，也更受人们喜爱。汀步材料一般以石材为主。

壁泉

壁泉非常适用于空间狭小的庭园，壁泉的尺寸可大可小，水流的急缓可根据设计的要求而定。

5. 台阶

台阶是用来连接不同标高的空间之间的一组踏步。庭园中的台阶除了考虑通行的功能以外，还要考虑与周围环境的协调以及造景的效果。而最具有吸引力的台阶，是那种有景可观、坐着或站着都很舒服的台阶。

一般来说，简陋狭窄的台阶最煞风景，所以在条件许可的情况下，台阶要尽量宽阔。台阶的落差不宜太大，使观赏者最好能在缓步而上的同时，更好地欣赏周围的景观。在台阶上摆放花盆或雕塑等装饰品是一种不错的选择，步

移景异，可谓一举多得。如果庭园中有一段数级的台阶，完全可以把它修饰成最具特色的景观。

庭园中的台阶常给观赏者带来神秘感，因为台阶的尽头很可能是景观的焦点，或者是一处主要的入口。

台阶的铺地材料有很多种，与小径的铺地材料一样，花岗岩、马赛克、木材、卵石等都是不错的选择。

图片来源：上海无尽夏景观

6. 装饰性构筑物

构筑物在定义和围合庭园空间方面起着重要的作用。庭园中的凉亭、门廊和花架都能很好地表达所在空间的特色，它们可以形成一系列的空间序列，丰富庭园的景观内涵。

凉亭

凉亭是庭园中运用最多的一种装饰性构筑物，既提供了休憩的场所，也满足了造景的要求，是最简单而又最常见的建筑形式。亭子的设计形式多样，有圆形、方形、六角形、扇形等，外观形象各有特点。那在庭园设计中如何选择一个合适的凉亭呢？通常设计师都会通过其整体的设计风格与功能来确定。材料的应用也是多种多样的，有木材、石材、综合材料等。

门廊和拱门

门廊通常与建筑相结合，形成一个有别于室内和室外的过渡空间。它不仅具有遮风挡雨、联系交通的作用，还起到组织观赏层次的作用。它在建造上比较简单，主要是由梁柱和屋顶组成，其形式丰富，变化多样，可以与攀缘植物结合在一起，创造出生动诱人的空间效果。

拱门的装饰效果较好，可以形成一个视觉焦点，把观赏者的目光引入庭园，给人一种"庭园深深"的感觉。它也有压缩空间的作用，庭园中的拱门能产生"曲径通幽"和"柳暗花明"的效果，它是心境或风格转换的标志。一般来说，拱门的造型较为简单，可使用攀缘植物为之带来活力。

花架

　　花架的作用与门廊相似，但相比之下显得更为通透和虚空。如果花架较大，里面还能够放置一些桌椅坐凳，这无疑又增添了花架的实用性，使之成为静心、小酌的优雅之处。

　　花架相当于一系列拱门的组合。花架在各个景物间建立联系，营造神秘和惊喜的空间。独立的花架构成了庭园中一条优雅的通道，连接着庭园的各个部分，也可以形成框景。花架的另一个实用功能是为攀援植物提供生长空间。为了抵挡风雨的侵袭和支撑攀援植物，花架的连接处必须牢固，柱子基部要用混凝土来固定。

7. 休憩设施

庭园是用来放松身心、招待客人或和家人共处的地方，它应该是一个既舒适而又便于安坐之处，因此选择合适的休息坐具便成为庭园装饰里一项重要的工作。

休息设施的风格取决于个人品位和生活方式，但它们的选材需要从实用的角度来考虑，可以是木质的、金属的，也可以是人工合成的。

木料是一种广泛使用的一种桌椅材料，因为木料本身具有一种天然的亲和力。不过，为延长其使用寿命，建议使用硬质木材，且将其表面做防腐处理。

金属材料的座椅也非常流行，这类铁条家具，靠背通常带有浮雕图案，椅面用狭长的板条做成，具有一种高雅的气质。

编织类座椅也是一种不错的选择，具有各种曲线和形状，看起来较为轻巧，但实际上坚固耐用。

合成材料近年来得到很大发展，成为现代家具设计的主要原料。纤维或塑料制的椅子，其框架由铝制成，轻便而且易于摆放和维护。当庭园空间有限时，这样的椅子是首选。

桌椅最重要的是实用。当然，其装饰性也不容忽视，比如在座椅上加上特色的坐垫等。现在市面上有多种材料和形状各异的座椅可供选择，价格从便宜到昂贵，应有尽有。这类座椅通常灵活性较好，客人多时还可以搬进室内临时使用，建议根据个人喜好和庭园风格用心选择。

8. 雕塑与装饰小品

　　雕塑包括具象雕塑、抽象雕塑和意象雕塑。具象雕塑是写实与夸张相结合的一种雕塑类型，是对现实物象的客观再现，是指艺术中可辨认的、与外在世界有直接关系的内容，是外在世界的直接反映。抽象雕塑是形体符号或几何符号与意念相结合的雕塑类型，用抽象艺术手法制作，完全强调设计师的主观意念。意象雕塑介乎于两者之间，是一种对外在世界的间接反映。

　　雕塑在自然环境中的和谐性越来越受到推崇。当然，风格上的选择完全取决于个人喜好。它的功能性很强，总是园中的焦点。

　　雕塑材料的选择依据风格来定。木头、石头和大理石易于雕刻，而青铜、陶瓦和水泥适合铸造。石头对于庭园来说是一种自然的选择，而且还是雕刻铭文的最好介质。在岩石上刻上只言片语就能让雕塑显得雅致而富有诗意，不仅可独立成景，还可提升整个庭园的文化气息。

　　雕塑或精美的装饰小品在庭园中能起到很好的造景作用。原本设计得不太理想的庭园只要用水罐等容器种上植物，稍加装饰，就会起到立竿见影的补救效果。目前市面上有许多不同形状、风格和尺寸的容器可供选择，而其本身就是一种极好的装饰。

如果我们对一件作品的作者和创作理念有一定的了解，那么我们就可以更好地解读这个作品的内涵。除造型外，了解作品的材料和制作过程也会对我们的鉴赏有所裨益。

任何装饰品，不管是雕塑还是各种容器，包括水罐、花瓶等，都可以在庭园里找到摆放它的位置，只要放置得当并与周围景物相配就行。有些装饰品本身很精致，但摆放在具体位置时，却感觉并不理想。这就需要设计师的专业规划眼光了。

庭园越小，在选择突出景物时就越要小心，因为它是整个庭园的焦点。此外，庭园中还应有其他大量的辅助装饰，为整个庭园增添生机。

9. 植物装饰

已经建好的硬质景观构成了庭园的基本结构和形状，它们为后续的植物栽种提供造景设计的依据。只有把植物和硬质景观有效地结合在一起，才能创造出统一和谐的空间环境。

在庭园里种植植物，其意义和作用是多方面的，除基本的绿化美化功能外，还能够调节庭园小气候，有利于人们的身心健康。

攀援植物是庭园里不可或缺的背景，既可攀附于围墙或栅栏之上，又可置于花架之中，如能和常绿树、开花的灌木保持协调，那庭园整年都将充满色彩和质感。

盆栽的时花可以在全年的任何时候给庭园带来变化，不同季节的开花植物每隔几个月就可以使庭园焕然一新，基础色调也会随之改变。当配置在一起时，会产生最佳的效果。

植物的季节性变化会给庭园带来一年四季不同的景象：春季落叶灌木和树木发新芽；夏季植物绿叶成荫；秋季满眼硕果；冬季则有植物的枯枝进行装饰。

食用植物是指自家栽种的作物，其美味无可比拟。家庭菜园或许对于现代繁忙的都市人来说是有些遥不可及，但至少可以在角落的花盆里种上一株番茄或辣椒之类的植物，又或者在凉亭、花架上栽培瓜类或葡萄。

在设计中，自然生长的植物经常被用于地面，被称为地被植物。这些植物能够起到类似地毯的作用去衬托建筑及其他构筑物。在植物地面上小憩或散步是最美的感受之一。

综上所述，虽然植物能给庭园带来活力，营造五彩缤纷的景观，但要在整个庭园的设计框架确定后才能种植。因为植物种植需要有整体感，而不是各种植物的大杂烩，这样，植物的合理配置就显得相当重要了。我们应该选择在适宜的气候条件下较易生长的植物来满足种植要求，掌握有关植物的各方面知识，比如要了解植物的生长特性，是喜阳或喜阴，传统的植物寓意，适宜的温度和土壤等，甚至不同植物层次之间的科学搭配。

10. 花盆

在别墅庭园中，要想吸引大众的目光，选择与植物匹配的花盆也是比较重要的。选择花盆时，不仅要考虑花盆的形状、比例，还要考虑花盆本身的特点和所种植物的习性。比如，摇曳的水草装在微微鼓起的水罐里，就是一种不错的搭配。

花盆是指任何可以直接种植植物的容器。花盆与盆中种植的植物是一体的，某一造型的花盆需要特定的植物相配合，同样，某一植物也需要某一特定造型的花盆来衬托。两者的组合成功与否，还要看它们同庭园的整体景观是否协调。总之，设计师需要在花盆的体量、材质和风格上下些功夫。

制作花盆的材料是多种多样的，选择材料时，应该尽量发挥材料的固有特色。瓷制花盆就是不错的选择，虽然它相对缺乏透气性，但能够抵御岁月的侵蚀，使用多年后依然如新。此外，金属、木材、石材、水泥等均可作为制作花盆的材料，其装饰效果也各具特色。

花盆以一定的组合方式排列摆放时视觉效果较好。比如将几种观赏植物同植于一个容器内，既有大自然的美感，又有艺术的内涵，其高度和风格都可以产生变化。也可以用形状相同的花盆种植相同的植物，以规则的方式成行排列，或者成对摆放在庭园的出入口处，以加强其空间效果。

盆栽植物具有一定的造型特征，它可以扮演雕塑的角色，尤其是在单个花盆中种上植物时更是如此。同样地，可以把一组小花盆堆放在一起，选择一些形状各异、大小不一的花盆，只要它们的构成和颜色相似，就可以达成一种不规则但又很统一的效果。或者，也可以选择不同质地和风格的花盆，在盆中的植物上下工夫，使整体达到和谐。

11. 照明灯饰

我们在庭园中活动的时间大多是白天，当夕阳西下之后，一切都会渐渐淹没在黑暗之中。如果要使夜幕下的小庭园成为房屋的延伸部分，甚至成为另一间室外的房子，那么各种照明灯饰就起到很重要的作用了。

室外照明的灯光通常有两种：一种是实用的，另一种是装饰的。从实用的角度来说，天黑以后漫步庭园，要能看清楚园路，因此门廊、路旁、台阶以及座椅旁都需要适当的灯光照明。从装饰的角度来说，园灯本来就是景观设计的一个元素，它在实用的基础上融入了艺术设计的手法，成为庭园景观里一道亮丽的风景线。

室外照明的灯具有时候可以随意放置，但有时候也要精心布置。低亮度的照明能营造一种柔美的气氛。建议最好把灯具安装在乔木和灌木丛中，利用花草的枝叶遮掩灯光，形成柔光的效果。

聚光灯具有方向性强的特点，而且能够提高户外的安全性。聚光灯可以用来突出一尊雕塑或某个凉亭，它的效果是使一个景物在黑暗的背景中凸显出来。水中的聚光灯也能给水景带来特殊的效果，它可以给水池染上色彩，也可以增强喷泉或小瀑布的动感。

泛光灯可以用在一组景物上，或者用于某一片植物的照明，这样可以突出庭园中某些有趣的景观，但微微弥漫四周的灯光，不可太强，以免刺眼。

现在市面上有许多的室外照明灯具可以选用，如上射式灯和下射式灯，还有 LED 灯和光纤型的节能灯具。建议在庭园设计初期聘请专业的照明设计师进行设计，毕竟室外照明的安全问题是需要摆在首位的。庭园照明需要使用电缆，不过对一般装饰品的单体照明要求并不高，普通的电工就可以胜任。当我们晚上坐于室内或漫步于庭园时，灯光映照下的庭园将会以不同于白天的景观效果展示在我们面前。

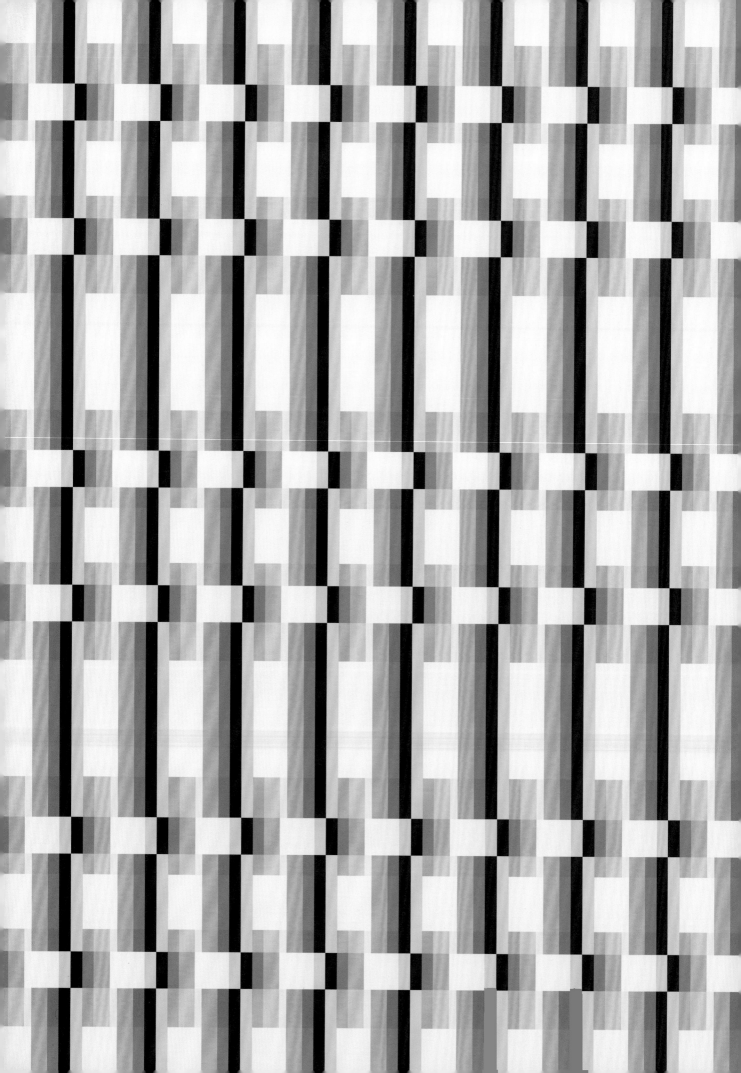

PART Ⅲ │现代庭园

01

露天休闲庭园

■ 项目地点：
美国加利福尼亚州马林郡

■ 面积：185m²

■ 设计公司：
Shades of Green Landscape Architecture

■ 设计者：
Ive Haugeland, Jamie Morf

■ 摄影师：
Lauren Knight

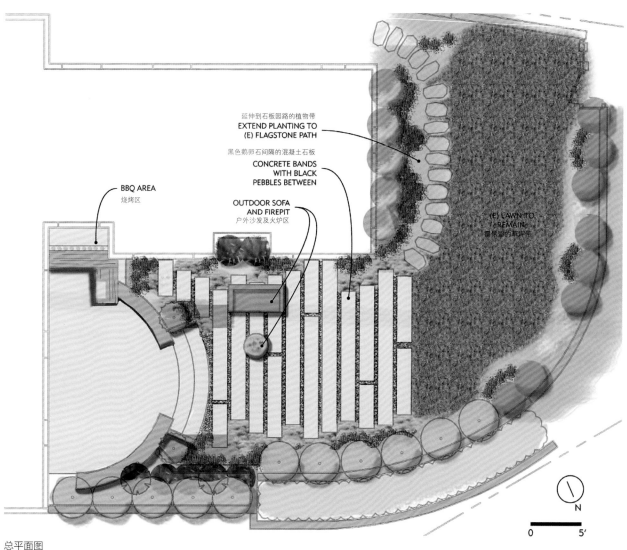

延伸到石板园路的植物带
EXTEND PLANTING TO
(E) FLAGSTONE PATH

黑色鹅卵石间隔的混凝土石板
CONCRETE BANDS
WITH BLACK
PEBBLES BETWEEN

BBQ AREA
烧烤区

OUTDOOR SOFA
AND FIREPIT
户外沙发及火炉区

(E) LAWN TO
REMAIN
需保留的草坪带

N

0   5′

总平面图

庭园中的植物配置包括'芳怀'苘麻（*Abutilon* 'Fon Vai'）、'杏黄精灵'橙黄藿香（*Agastachea.* 'ApricotSprite'）、'亮翼'峨参（*Anthriscussylvestris* 'Raven's Wing'）、黄绿大戟（*Euphorbia* 'Limewall'）、'矮沃克'紫花猫薄荷（*Nepeta × faassenii* 'Walker's Low'）、'蓝塔'分药花（*Perovskia* 'Blue Spire'）、'毛利女王'新西兰麻（*Phormium* 'Maori Queen'）、'毛利日出'新西兰麻（*Phormium* 'Maori Sunrise'）、'爱丽丝'莲花掌（*Aeonium* 'Alice Keck Park'）、雅致拟石莲（*Echeveria elegans*）、丽娜拟石莲（*Echeveria lilacina*）、'紫皇'景天（*Sedum* 'Purple Emperor'）、'休波帕'紫晶羊茅（*Festuca amethystina* 'Superba'）。

根据客户的要求，Shades of Green Landscape Architecture 将本案户外起居空间扩大，并延伸到整个门廊和草坪区。考虑到这对年轻的夫妇无需使用草坪，设计师通过削减草坪的面积，增加了露台空间，而为了适应门廊的半圆形造型，设计师不得不采用与其对比强烈的形状，用一系列长短不一的岩石板来塑造一个下沉式的露台空间。岩石板条使草坪和现有的混凝土露台空间之间的过渡自然而大胆，而石板间的鹅卵石也利于雨水渗入土壤。

在这个宽敞的新露台里，设计师设置了舒适的户外座椅，紧紧围绕着中央低矮的火碗，可移动的火碗配有以生物乙醇为燃料的便携式燃烧嘴，使得一家人能在加州风和日丽的天气下围炉而坐，其乐融融。

由于该区域位于地下停车场上方，露台上的土层较为稀薄，因此这里只能选择多年生植物、禾本植物和一些浅根灌木，而原本作为屏障的成熟灌木和屋主所钟爱的被称为"海胆植物"的蓝羊茅则被一并保留了下来。为了丰富庭园的颜色，设计师选用了大量夺目的桃色、紫色、黄绿色和蓝绿色植物。通过对多肉植物、禾本植物和草本植物的分层种植，庭园展现出充满趣味的纹理。围绕着庭园的多肉植物、耐干旱开花多年生植物和禾本植物为庭园带来了四季的色彩和活力，有些多肉植物在鹅卵石路铺间随意生长着，柔化了绿色青石板的刚硬线条。

原有的混凝土露台上的定制木质吧台形成了一个精巧的、带红外线烤炉的户外厨房，吧台一侧隐藏着一个小型屋顶，创造了额外的吧台空间。

02

经济型庭园

■ 项目地点：
美国加利福尼亚州索萨利托

■ 设计公司：
Shades of Green Landscape Architecture

■ 设计者：
Ive Haugeland, Tyler Fishman Manchuck, Jamie Morf

■ 摄影师：
Lauren Hall Knight

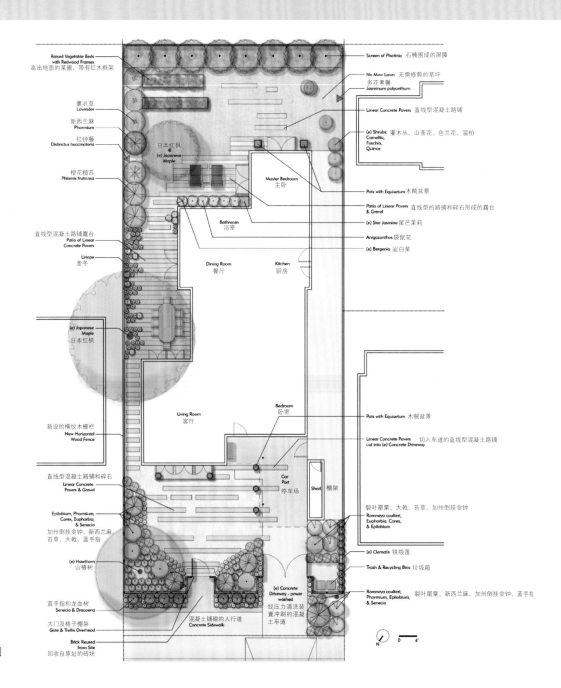

Raised Vegetable Beds with Redwood Frames 高出地面的菜圃，带有红木框架

Lavender 薰衣草

Phormium 新西兰麻

Distinctus buccinatoria 红钟藤

Phlomis fruticosa 橙花糙苏

Patio of Linear Concrete Pavers 直线型混凝土路铺露台

Liriope 麦冬

(e) Japanese Maple 日本红枫

New Horizontal Wood Fence 新设的横纹木栅栏

Linear Concrete Pavers & Gravel 直线型混凝土路铺和碎石

Epilobium, Phormium, Carex, Euphorbia, & Senecio 加州倒挂金钟、新西兰麻、苔草、大戟、蓝手指

(e) Hawthorn 山楂树

Senecio & Dracaena 蓝手指和龙血树

Gate & Trellis Overhead 大门及格子棚架

Concrete Sidewalk 混凝土铺砌的人行道

Brick Reused from Site 回收自原址的砖块

Screen of Photinia 石楠围成的屏障

No Mow Lawn 无需修剪的草坪

Jasminum polyanthum 多花素馨

Linear Concrete Pavers 直线型混凝土路铺

(e) Shrubs: Camellia, Fuschia, Quince 灌木丛、山茶花、色兰花、温柏

(e) Japanese Maple 日本红枫

Master Bedroom 主卧

Pots with Equisetum 木贼盆景

Patio of Linear Pavers & Gravel 直线型的路铺和碎石形成的露台

(e) Star Jasmine 星芒茉莉

Anigozanthos 袋鼠花

(e) Bergenia 岩白菜

Bathroom 浴室

Dining Room 餐厅

Kitchen 厨房

Living Room 客厅

Bedroom 卧室

Pots with Equisetum 木贼盆景

Linear Concrete Pavers cut into (e) Concrete Driveway 切入车道的直线型混凝土路铺

Car Port 停车场

Shed 棚架

Romneya coulteri, Euphorbia, Carex, & Epilobium 裂叶罂粟、大戟、苔草、加州倒挂金钟

(e) Clematis 铁线莲

Trash & Recycling Bins 垃圾箱

(e) Concrete Driveway - power washed 经压力清洗装薰冲刷的混凝土车道

Romneya coulteri, Phormium, Epilobium, & Senecio 裂叶罂粟、新西兰麻、加州倒挂金钟、蓝手指

N

0 4'

总平面图

庭园中新增的植物包括'暗星'澳洲朱蕉（*Cordyline australis* 'Dark Star'）、'红罗宾'红叶石楠（*Photinia × fraseri* 'Red Robin'）、橘色袋鼠花（*Anigozanthos* 'Orange Cross'）、伯克利苔草（*Carex tumulicola*）、'马托拉'加州倒挂金钟（*Epilobium sep.* 'Select Mattole'）、木贼（*Equisetum hyemale*）、伍尔芬大戟（*Euphorbia characias* subsp. *wulfenii*）、'克里克'薰衣草（*Lavandula* 'Goodwin Creek'）、'银龙'麦冬（*Liriope* 'Silver Dragon'）、橙花糙苏（*Phlomis fruticosa*）、杂色新西兰麻（*Phormium* 'Red-Dark Green'）、'原始森林'新西兰麻（*Phormium* 'Wildwood'）、裂叶罂粟（*Romneya coulteri*）、蓝手指（*Senecio mandraliscae*）、红钟藤（*Distictis buccinatoria*）、多花素馨（*Jasminum polyanthum*）、羊茅草（*Festuca mix*）。

该区域占地 590 m²，经过一番粗略的考察后，设计师很快就发现，由于长期的忽视，该庭园修复的难度已经很大了。庭园中有成年的大树、支离破碎的栅栏、混凝土车道、丛生的杂草和裸露的泥土。而设计师将在这里打造一个低预算、易于维护、耐干旱，以及可种植蔬果的经济庭园。

因此，设计师主要采用粉煤灰混凝土和本土沙砾这两种廉价材料来打造一个美观而环保的庭园空间。在加州，设计师关心的首要问题是如何有效利用水资源，由此，他们使用了低耗水植物，同时确保庭园中的所有硬景观区域具有强渗透性，把雨水和灌溉水回收到地下水层。通过不

断重复的直线型混凝土砖板间沙砾地面，设计师巧妙地为庭园中的各个休闲娱乐区营造了一种时尚现代的观感，尤其是直线型的混凝土砖板与房屋的建筑线条相得益彰，使景观成为房屋所延伸出来的一部分，而不是一个独立的元素。

前院是接待客人并供客人们娱乐的私人庭园，设计师为它打造了一道全新的门口带花架的围墙，突出了庭园的入口通道，而现有的砖块则被用于从人行道到园路之间的铺砌。原来的车道则采用了直线型的砖板铺砌，成为一个夺目的视觉焦点，同时把原来的车道巧妙地融入新设计中。

　　侧边露台则作为私人户外用餐区，独特的日本红枫就像是"屋顶"一般为它提供了树荫，与淡白的灰泥墙一起营造了一种强烈的户外感。墙上所嵌的装饰石砌块是屋主从东南亚带回来的。

　　后院则以营造一个休闲放松空间为主，无需修剪的草坪青翠欲滴，起伏不平，不但耐干旱，而且易于维护。原有的日本枫树下设置了舒适的绒毛睡椅，让人在树荫下尽情享受休闲时光，而地面的铺设则延续了前院砖板和沙砾的风格，两块高出地面的菜圃可供屋主种植蔬菜。

03

现代居家庭园

- 项目地点：美国三藩市
- 面积：73m²
- 设计公司：Shades of Green Landscape Architecture

- 设计者：Ive Haugeland
- 摄影师：Ive Haugeland, Paul Dyer

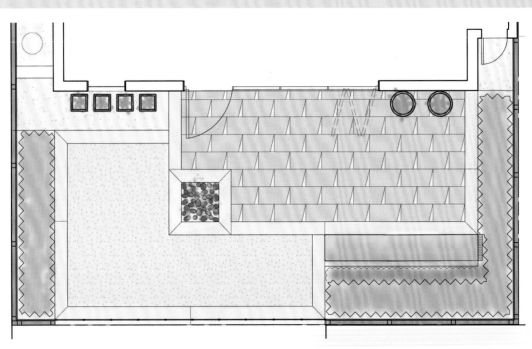

总平面图

　　庭园中的植物配置包括南亚含笑（*Michelia doltsopa*）、青皮竹（*Bambusa textilis*）、'波丽'紫竹（*Phyllostachys nigra* 'Bory'）、一叶兰（*Aspidistra eliator*），帚灯草（*Chondropetalum tectorum*）、狐尾天门冬（*Asparagus densiflorus* 'Myers'）、虎尾兰（*Sansevieria trifasciata*）、绿珠草（*Soleirolia soleirolii*）、'爱丽丝'莲花掌（*Aeonium* 'Alice Keck Park'）、'旭日'莲花掌（*Aeonium* 'Sunburst'）、盘叶莲花掌（*Aeonium tabuliforme*）、大刺龙舌兰（*Agave macroacantha*）、仙女杯（*Dudleya brittonii*）、'黑王子'拟石莲（*Echeveria* 'Black Prince'）、'安吉丽娜'岩景天（*Sedum rupestre* 'Angelina'）、翡翠珠（*Senecio rowleyanus*）、蓝松（*Senecio serpens*）、尾萼细辛（*Asarum caudatum*）、'暗星'澳洲朱蕉（*Cordyline australis* 'Dark Star'）、紫背万年青（*Tradescantia spathacea*）、'卡尔'尖花拂子茅（*Calamagrostis ×a.* 'Karl Foerster'）。

　　这个现代庭园是专为一栋获"能源与环境设计先锋"铂金级认证的住宅量身打造的,融合了精巧的设计、奢华的风格和先进的科学技术。以广阔的城市景观和金门大桥为背景,带户外火炉和烧烤架的屋顶栈台营造了一个户外休闲娱乐空间。砖石铺砌地面和无需修剪的草坪构成了一个多功能区域,四周采用半穿透的隔屏进行围合,既保证了空间的采光,又保护了隐私。

04

时尚大变身

- 项目地点：美国加利福尼亚州马林县
- 面积：120m²
- 设计公司：Shades of Green Landscape Architecture
- 设计师：Ive Haugeland
- 摄影师：Jill St. Clair, Jennifer Mullin

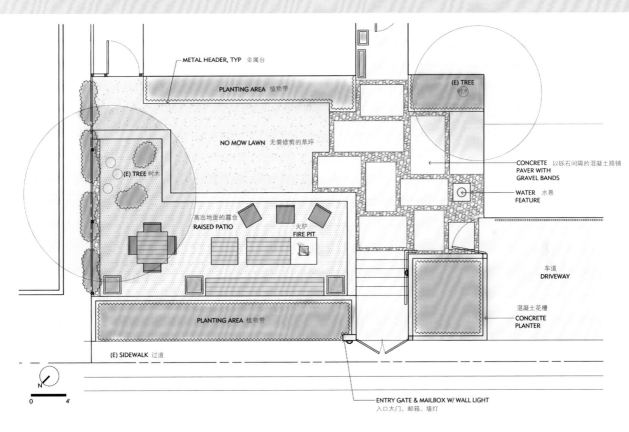

METAL HEADER, TYP 金属台

PLANTING AREA 植物带

(E) TREE 树木

NO MOW LAWN 无需修剪的草坪

(E) TREE 树木

CONCRETE PAVER WITH GRAVEL BANDS 以砾石间隔的混凝土路铺

WATER FEATURE 水景

高出地面的露台 RAISED PATIO

火炉 FIRE PIT

车道 DRIVEWAY

混凝土花槽 CONCRETE PLANTER

PLANTING AREA 植物带

(E) SIDEWALK 过道

N

0   4'

ENTRY GATE & MAILBOX W/ WALL LIGHT 入口大门、邮箱、墙灯

总平面图

　　庭园中的植物配置包括卡氏金合欢（*Acacia covenyi*）、'美亚'矮柠檬（*Citrus* 'Improved Meyer' Dwarf）、'查诺'细叶海桐（*Pittosporum tenuifolium* 'Marjorie Channon'）、金叶菖蒲（*Acorus gra.* 'Ogon'）、'和谐'袋鼠爪（*Anigozanthos* 'Harmony'）、大帚灯草（*Chondropetalum elephantinum*）、帚灯草（*Chondropetalum tectorum*）、铁仔大戟（*Euphorbia myrsinites*）、木贼（*Equisetum hyemale*）、'火鸟'新西兰麻（*Phormium* 'Firebird'）、新西兰麻（*Phormium tenax*）、狐尾天门冬（*Protasparagus densiflorus* 'Myers'）、'薄荷绿'莲花掌（*Aeonium* 'Mint Saucer'）、覆瓦拟石莲（*Echeveria* 'Imbricata'）、蓝手指（*Senecio mandraliscae*）、'冬美人'日本络石（*Trachelospermum asiaticum* 'Winter Beauty'）。

本项目的中心是要为一个年轻的家庭打造一个兼具时尚性与功能性的娱乐空间。由于其后院陡峭的坡度，设计师把注意力转移到前院，打造了一个老少皆宜的家庭空间。

根据房屋的修整和风格，新的庭园紧挨着街道而设，以清新时尚的美学风格为主线。沿着人行道分布的大型混凝土植床不仅掩饰了庭园内外的高度变化，还充当着庭园的屏蔽墙，在房子前形成了一个水平区域。临街处和车道都设置了简单的横条木门，防止孩子们跑到街上，保证了孩子们的安全。

在原来的月桂树下，设计师采用大量的风化花岗岩铺砌了一个高出地面的露台，还设置了火炉和餐桌，使人们能在树荫下尽情放松身心。前门与露台之间以长方形地砖铺砌，地砖四周则以鹅卵石围绕着，增加了庭园的纹理，也便于雨水自由地流入下水道。

庭园中的植物色彩缤纷，大多是易养护的植物。沿着人行道分布的新西兰麻为庭园提供屏蔽墙，保障了屋主在室外用餐和休息时的隐私；低耗水量的草坪为孩子们提供了玩乐空间；围绕草坪四周的是各种多肉植物、禾本植物和耐干旱植物，增加了入口通道的色彩与纹理。这里还有一棵金合欢，在提供树荫的同时，形成又一重隐私屏障，以免街上行人窥探里面的情况。

庭园中的硬景观、植物的颜色与房屋极具现代感的建筑外观相呼应，使整个庭园自然而然地成为房屋的延伸。

05

红墙悦动庭园

- 项目地点：美国加利福尼亚州奥克兰市宅区
- 面积：145m²
- 设计公司：Shades of Green Landscape Architecture
- 设计者：Tyler Manchuck, Ive Haugeland
- 摄影师：Tara Guertin

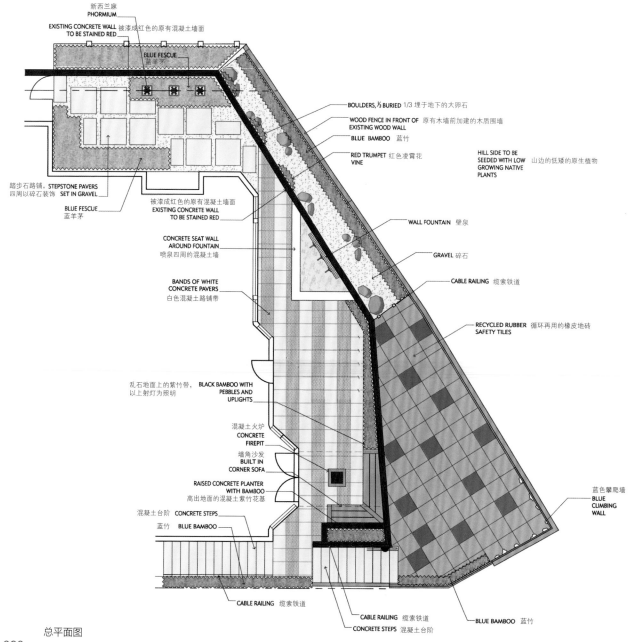

新西兰麻 PHORMIUM

EXISTING CONCRETE WALL 被漆成红色的原有混凝土墙面
TO BE STAINED RED

BLUE FESCUE 蓝羊茅

BOULDERS, ⅓ BURIED 1/3 埋于地下的大卵石

WOOD FENCE IN FRONT OF 原有木墙前加建的木质围墙
EXISTING WOOD WALL

BLUE BAMBOO 蓝竹

RED TRUMPET 红色凌霄花
VINE

HILL SIDE TO BE 山边的低矮的原生植物
SEEDED WITH LOW
GROWING NATIVE
PLANTS

踏步石路铺, STEPSTONE PAVERS
四周以碎石装饰 SET IN GRAVEL

BLUE FESCUE
蓝羊茅

被漆成红色的原有混凝土墙面
EXISTING CONCRETE WALL
TO BE STAINED RED

CONCRETE SEAT WALL
AROUND FOUNTAIN
喷泉四周的混凝土墙

WALL FOUNTAIN 壁泉

GRAVEL 碎石

CABLE RAILING 缆索铁道

BANDS OF WHITE
CONCRETE PAVERS
白色混凝土路铺带

RECYCLED RUBBER 循环再用的橡皮地砖
SAFETY TILES

乱石地面上的紫竹带, BLACK BAMBOO WITH
以上射灯为照明 PEBBLES AND
UPLIGHTS

混凝土火炉
CONCRETE
FIREPIT

墙角沙发
BUILT IN
CORNER SOFA

RAISED CONCRETE PLANTER
WITH BAMBOO
高出地面的混凝土紫竹花基

蓝色攀爬墙
BLUE
CLIMBING
WALL

混凝土台阶 CONCRETE STEPS

蓝竹 BLUE BAMBOO

CABLE RAILING 缆索铁道

CABLE RAILING 缆索铁道
CONCRETE STEPS 混凝土台阶

BLUE BAMBOO 蓝竹

总平面图

　　庭园中的植物配置包括蓝竹巨蓝竹（*Borinda boliana*）、'哈雷' 紫竹（*Phyllostachys nigra* 'Hale'）、毛芒乱子草（*Muhlenbergia capillaris*）、红钟藤（*Distictis buccinatoria*）。

根据客户的要求，设计师将在这里打造一个轮廓清晰的时尚庭园，并为他们实现一个禅花园、一个儿童游乐园和一个独立的成人休闲空间。为了降低成本，设计师保留了庭园中原用于分隔后院的两面 1.8 m 高的巨大墙面。然而，对设计师来说，更大的挑战在于如何在一个那么狭小的空间里实现所有的设计项目，如何在屋主没有时间进行庭园维护的情况下保持庭园的景观，以及如何适应庭园中极端的高度变化。于是，在设计初期，设计师就决定以色彩和纹理作为新景观的重头戏，通过在墙面上涂抹大胆艳丽的红色，增加木头和大圆石等统一的自然元素，使整个空间顷刻变得动感活泼；搭配上水景、沙砾园和竹子，赋予了空间充满禅意的恬静之感。

新设的围墙不仅围蔽了原来的顶壁，还装上了一面利用废旧轮胎制成的蓝绿橡胶板，设计成一面攀爬墙，使庭园的上花园成为儿童玩乐区。

而庭园的低洼部分则设置了会客沙发和火炉，沙发材料回收自奥克兰一座古老的桥。为了避免孩子们把火炉中蔓越橘色的回收玻璃随意投掷玩耍，火炉上带有可移除式顶盖，可充当桌子使用。在这里，设计师以低维护和尽可能少量的植物配置，使屋主能花更多的时间与孩子们在户外放松和玩乐。

从可持续发展的设计理念出发，设计师重新利用了原有庭园中的大部分材料，如原有的墙面、原栈台上的木材被用于新栅栏、攀爬墙，原有的进入庭园的混凝土园路也被加以利用，而回收的玻璃砖则被用于喷泉墙。新装的金属的喷泉出水口、栏杆和护栏都是可回收再用的。

此外，新围墙和大门采用的是森林管理委员会（FSC）认证的雪松木材，所有的灯光都使用了 LED 灯泡。在为数不多的植物里包括蓝竹、紫竹和本土禾本植物，还有入口处红墙上的开花藤本植物。庭园中还包括一个灵活的灌溉控制器，能从气象卫星中下载数据。

06

地貌庭园

▪ 面积：200m²

▪ 设计公司：Jim Fogarty Design Pty Ltd

▪ 设计者：Jim Fogarty

▪ 承建商：Landform Consultants

▪ 摄影师：Jim Fogarty, Jay Watson

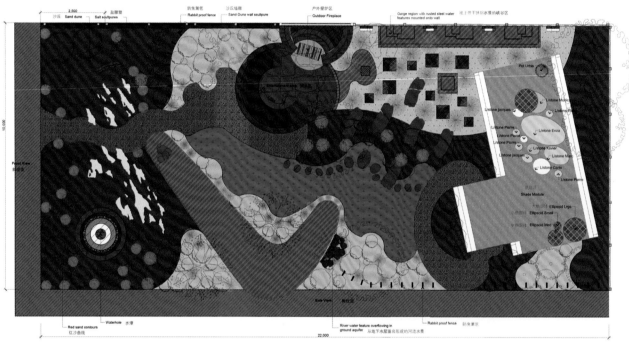

总平面图

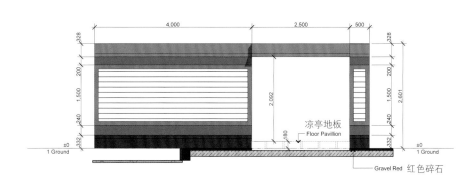

凉亭前立面图

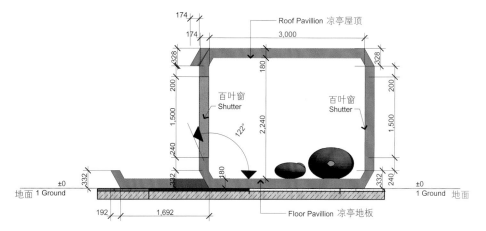

凉亭前右立面图

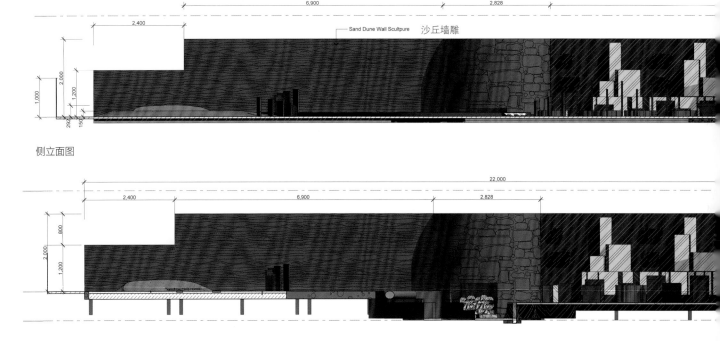

侧立面图

Sand Dune Wall Scultpure 沙丘墙雕

隔离墙山景剖面图

这个庭园以前部的澳大利亚干旱内陆造型打开了整个水之旅的序幕。庭园的前门入口园路采用染色的滚磨鹅卵石铺砌，象征着干涸的河床。由于河水的泛滥，河流将满溢，周边低洼地区则成为盐积地，形成了"盐"雕塑和水潭。干涸的河床与回流河的开端相连。从自流水盆地流出来的水使回流河表面冒着泡沫，形成新的河流，并流向隐喻着澳大利亚东海岸的区域。其形状模仿了传统的狩猎回力棒的标志性外形。水景的蓝色反映了澳大利亚干旱内陆的蓝色天空，与铁含量丰富的红沙形成鲜明的对比。

水流沿水景缓缓流淌，当它到达庭园中的"滨海地区"时，逐级向下回流到地下含水层，然后重新出现，又逐级落入墙上带有不锈钢水景的峡谷区，回落到地下含水层，然后消失，完成整个水循环之旅。

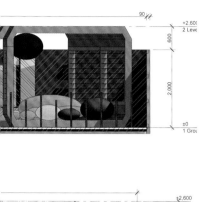

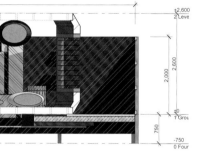

　　庭园左侧围墙的墙面雕刻是由墨尔本的 Valissa Butterworth 创造的，以激光切割而成，表面覆盖了一层玻璃纤维树脂，以增加其强韧性。雕刻的灵感来源于内陆的沙丘，以三维形式呈现，在阳光的照射下会投射出阴影。为了取得最佳效果，设计师们特地在油漆未干时就在上面轻轻地撒了一层红沙，这些红沙都来自澳大利亚花园。

　　水潭的每一条带状边都代表了不同的内陆水潭沉积层。一个内陆水潭就是一个潮湿的渗水井，经过长时间的干燥才能彻底变干。但在一年中大部分的时间里，只要稍稍朝地表以下挖掘，就可以发现水的存在。在干旱气候中，水潭是动物和植物的生命之源。

　　花园中的"盐"雕塑由 Edwina Keamey 与 Mark Stoner 设计，其造型的灵感来源于诸如澳大利亚内陆的辛普森沙漠的盐田区的卫星图像，呈片状的盐块是纯白色的花岗岩经过水注切割而成。

效果图

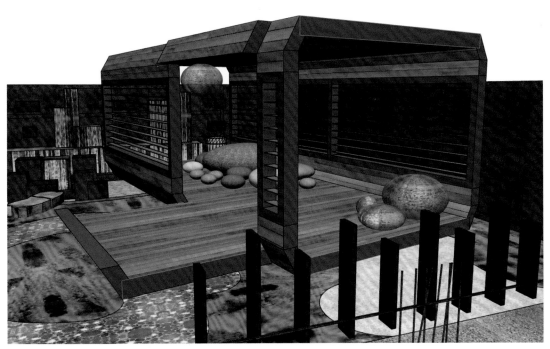

凉亭透视图

鹅卵石造型靠垫由 Stephanie Marin 倾心打造，其独特的形状反映了庭园的鹅卵石主题，极其巧妙地演绎了这个充满现代气息的澳大利亚花园的自然风尚。

草坪的形状仿照种有各种作物的青青翠谷。这些山谷遍布澳大利亚的大分水岭，而后者正是划分澳大利亚东海岸与内陆的一道天然屏障。

壁炉的墙面采用泥岩堆砌而成，它是一种来源于维多利亚城郊的曼斯菲尔德的沉积岩，质地较为松软，但拥有美丽的巧克力色。而壁炉区内的木头则回收自维多利亚森林大火中的桉树。

花园中的凉亭仿佛漂浮于整个峡谷区之上，但实际上其落差只有 30 cm，其木板覆面采用了碳化木材，是一种经过热处理的松材，这种木材在欧洲经过了森林管理委员会（FSC）的环保认证。

花园中的所有植物均采用澳大利亚本土植物，包括两种罕见的濒临灭绝的品种，从"内陆干旱地区"到"峡谷""滨海地区"和"温带地区"，所有的植物都与澳大利亚的不同地形地貌相互对应。这些濒危植物包括米利槟藜（Rhagodia parabolica）和多毛豌豆（Swainsona greyana）。

07

绿趣庭园

■ 项目地点：澳大利亚维多利亚州墨尔本市艾士伯顿

■ 面积：450m²

■ 设计公司：Jim Fogarty Design Pty Ltd

■ 设计师：Jim Fogarty

■ 摄影师：Jim Fogarty

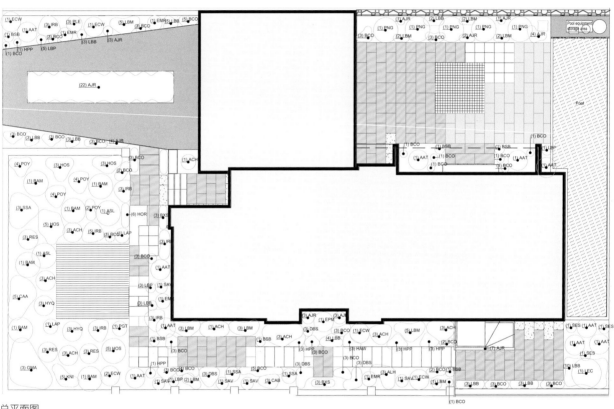

总平面图

Plant Schedule 植物配置表			
JFD Fogarty lscape.dwg			
代码 植物名称		花器尺寸（L）	数量
Code	BotanicName	PotSize	Quantity
乔木类 **Trees**			
CFP	Cercis canadensis 'Forest Pansy' 『森林火焰』加拿大紫荆	100 Litre	2
CCR	Cotinus coggygria 'Grace' 雅色黄栌	300	5
ESI	Eucalyptus sideroxylon 铁木桉	200	3
灌木类 **Shrubs**			
AAT	Agave attenuata 狐尾龙舌兰	500	1
ALH	Alchemilla mollis 柔软斗蓬草	200	16
ACH	Arthropodium cirrhatum 卷叶龙舌百合	200	52
BOS	Berberis x ottawensis 'Superba' 『华丽』渥太华小檗	200	18
CAT	Canna 'Tropicanna' 斑叶美人蕉	200	12
EPM	Eupatorium megalophyllum 大叶泽兰	200	2
ECW	Euphorbia characias subsp. wulfenii 伍尔芬大戟	200	15
FTJ	Fatsia japonica 八角金盘	200	2
GMA	Gunnera manicata 大根乃拉草	200	1
HOR	Helleborus corsicus 尖叶铁筷子	150	3
HOF	Hosta fortunei 狭叶玉簪	200	10
LLK	Leucadendron laureolum 'Katies Blush' 『卡蒂红』球冠银树	200	1
PGT	Pelargonium tomentosum 绒叶天竺葵	200	3
SAP	Salvia purpurescens 紫芽鼠尾草	200	7
SAS	Salvia x superba 华丽鼠尾草	200	9
SSA	Sedum spectabile 'Autumn Joy' 『秋喜』长药景天	200	26
地被植物 **Ground Covers**			
AJR	Ajuga reptans 'Jungle Beauty' 『丛林美人』匍匐筋骨草	300	17
BCO	Bergenia cordifolia 'Rubra' 红花心叶岩白菜	300	92
HAW	Heuchera 'Amber Waves' 『琥珀波浪』钟珊瑚	200	6
HPP	Heuchera 'Plum Pudding' 紫叶钟珊瑚	200	10
HFB	Hosta 'Fragrant Blue' 『香蓝』玉簪	200	19
禾本植物 **Grasses**			
CAA	Calamagrostis acutiflora 尖花拂子茅	200	33
CAB	Carex buchananii 棕红苔草	200	46
DBS	Dianella 'Border Silver' 银边山菅兰	200	34
FEG	Festuca glauca 灰蓝羊茅	150	1
FSC	Festuca scoparia 蒂狄羊茅	200	13
LBP	Libertia peregrinan 橙色丽波鸢尾	200	42
LBB	Liriope 'Baby Blue' 蓝叶麦冬	200	33

这个庭园是 Jim Fogarty 为自家设计的,在设计中,Jim Fogarty 力求使硬景观的颜色看起来简单而纯粹,通过黑、白、灰三色的混合使用, 硬质材料为庭园中品种繁多、充满趣味的植物形成了一个简单的平面背景。

全新的房屋如同一个干净的调色板,为设计师的创意发挥提供了良好的开端。设计师面临的主要挑战是在泳池区和毗邻的房子间创造一个自然的屏障,并按照要求在包括房子在内的土地覆盖层上保持 65% 的非穿透表面。这意味着至少 35% 的空间必须用作植物床、护 根区或草坪。因此,设计师产生了在车道上打造植物床的革新想法, 车道左侧的涂漆钢屏障也由 Jim Fogarty 设计而成。

房子是双层的，从上面看，庭园的铺砌显得更有趣。在这里，设计师避免了直线园路的使用，并在不同的区域中使用不同的颜色，使它们相互连接。而在泳池区，设计师则以一块正方形劈理仿青石的鹅卵石衬垫来软化并打破这个狭小空间的牢笼感。鹅卵石的衬垫也被精心设计成庭园中心的标志，引导人们的视线（Valissa Butterworth设计的墙面雕塑灵感来源于退潮时的湿沙）。

为了最大限度地利用庭园空间，设计师借用了车库作为娱乐空间，把里面白色荧光灯换成红色，在夜间，车库看起来就像是一艘潜水艇一样。此外，车库内还装有 PVC 和铜线管，为房子的内部运行提供各种各样的设备。

车库与庭园之间以一个 1.2 m 高的吧台作为隔断，同时充当游泳池的安全护栏。吧台墙与泳池水景墙皆以双凿熔岩石覆盖墙面，水流从水景缓缓流入下方的游泳池，每当夜幕降临，就会在灯光的照耀下波光荡漾，熠熠生辉。

早几年，设计师的第一个女儿莉莉出生了，于是，在已经设有吧台、泳池门和自动屏蔽门的情况下，设计师还是另外加设了一个竹栅栏，尽管这个竹栅栏并不是一个完全符合标准的游泳池围栏，但它充当着泳池的第二防护栏，为他的女儿提供了又一重保护。而且，由于该栅栏是建在三面紧密相扣在一起的围板上的，因此它可以在短短几分钟内就被拆解。这些栅栏的支架都来自于花园里的竹子。

　　无论是白天还是夜晚，整个庭园都充满了魅力。白天的时候，它显得时尚而低调，与房子完美地融合在一起；到了晚上， Light on Landscape 公司的各式灯光打造出别具一格的照明效果，把庭园变成了一个适合任何活动的休闲娱乐天地。蓝色的灯光照耀着吧台下方的双凿熔岩石，另一个蓝色的 LED 灯则向下照射在户外淋浴区上。交错的上射灯为紫竹带来了丝丝生气和活力，蓝色的泳池灯则把整个庭园空间连接起来，营造了一种流畅的空间感。

　　对车库的灵活运用使庭园能容纳更多的人，在有限空间发挥了无限创意。至于前庭部分，设计师则打造了一个种满趣味观叶植物的种植床。尽管庭园已经不允许再增加路铺了，设计师还是没有选择铺垫一小块草坪，而是在绿叶丛中搭建了一个黑色浮木栈台，并采用成簇的竹子来增加栈台的纵向感，而竹子底下则种满了所罗门黄精（Solomon' s Seal）、铁筷子（*Hellebores*）、玉簪（*Hosta sp.*）和为数众多的麦冬（*Liriope sp.*），葱葱郁郁。晚上的时候，从室内的饭厅向外望去，竹子下的灯光斑驳陆离，把整个栈台渲染成一个异彩纷呈的舞台。另外，前庭内还隐藏了一个容量为 10 000 L 的雨水水箱，用于整个庭园的灌溉。

信步闲庭

■ 项目地点：澳大利亚维多利亚州墨尔本博文街

■ 面积：675 m²

■ 设计公司：Jim Fogarty Design Pty Ltd

■ 设计师：Jim Fogarty

■ 摄影师：Helen Fickling

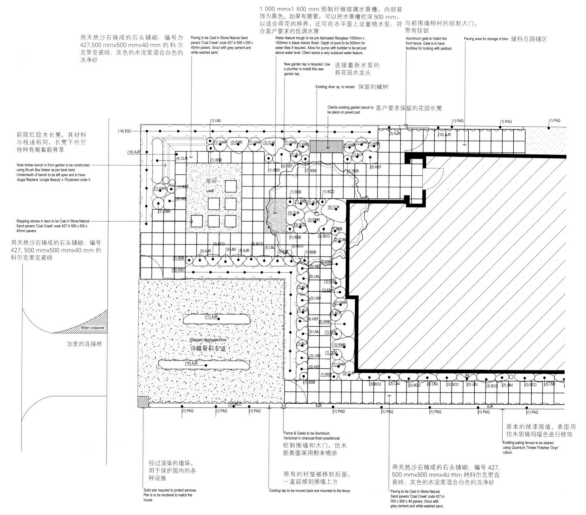

前围墙平面图

CODE	BOTANICAL NAME 拉丁学名		COMMON NAME
代码	**Trees**	乔木类	
ASK	Acer palmatum 'Sango kaku'	'红枝'鸡爪槭	
PYU	Pyrus ussuriensis	秋子梨	Manchurian Pear
	Shrubs	灌木类	
AAT	Agave attenuata	狐尾龙舌兰	African Lily
ALH	Alchemilla mollis	柔软斗篷草	Tall Sedge
BSB	Buxus sempervirens (Balls)	锦熟黄杨	
CLM	Clivia miniat	大花君子兰	
ESC	Escallonia 'Iveyi'	'艾维'南美鼠刺	Escallonia
EMR	Euphorbia martinii	马丁大戟	
ERB	Euphorbia robbiae	罗比大戟	
GAN	Gardenia augusta	栀子	Gardenia
	Ground Covers	地被植物	
AJR	Ajuga reptan 'Jungle Beauty'	'丛林美人'匍匐筋骨草	
BCO	Bergenia cordifolia 'Rubra'	'红花'心叶岩白菜	Spurge
HEF	Heuchera 'Firefly Red'	'萤火虫'钟珊瑚	Coral Bells
LMJ	Liriope 'Magestic'	'壮丽'麦冬	
	Climbers	攀缘植物	
PAQ	Parthenocissus quinquefolia	五叶地锦	Virginia Creeper

本次设计的主旨是要打造一个休闲式前花园，为房子提供园林空间和憩息小坐处。

在这里，设计师为花园设计了一块小面积的草坪，青葱的绿意为房子前部带来丝丝清凉感，同时形成了一个给人柔和的感觉的入口。在草坪上小小的踏步石标志着房子的前门，其刚硬的铺砌形态与柔软的草坪铺装在狭小的空间完美融合，相互映衬。

花园的水景由一个水泵和喷水口组成，是一个简单的密封式水槽，以最小的水蒸发量为庭园增添动感。

为了让人们能充分享受水景所带来的怡然自得，设计师特地打造了一个休闲区，以便人们在欣赏花园美景的同时有一个憩息之地。它就位于水景旁边，离水景有一段小距离，以防人们被水溅湿，或被喷泉的水声所打扰。休闲区里的座椅朝里面向花园，而不是朝向大街，位于前门附近原有的日本枫树树荫下，与水景一起构成一个完整的景观，平行于街道，使人们的注意力集中在花园上，而不是来来往往的车辆。

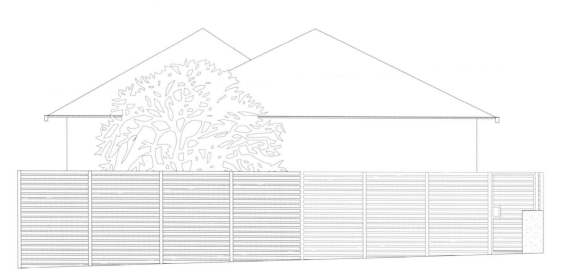

前围墙立面图

庭园中使用的一些植物列举如下：'红枝'鸡爪槭（*Acer palmatum* 'Sango Kaku'）、秋子梨（*Pyrus ussuriensis*）、柔软斗篷草（*Alchemilla mollis*）、大花君子兰（*Clivia miniata*）、'艾维'南美鼠刺（*Escallonia* 'Iveyi'）、马丁大戟（*Euphorbia martinii*）、栀子（*Gardenia augusta*）、'红色萤火虫'钟珊瑚（*Heuchera* 'Firefly Red'）、'壮丽'麦冬（*Liriope* 'Majestic'）、五叶地锦（*Parthenocissus quinquefolia*）。

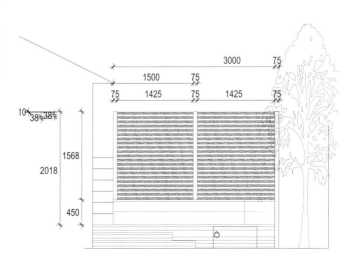

栈台与隔屏北立面图

　　一个完美的前花园需要有一个私密的休闲空间和观景平台，因此，设计师采用了无需上漆的粉末涂层铝制围墙，不会受任何天气的影响，经久耐用。围墙由无数的铝条横向拼合而成，留有等距空隙，使人们的视线可以穿透围墙，增大了花园的空间视觉效果。此外，设计师还以树篱包围了整个前花园，增加了花园的私密性。

在这个前花园的设计中，设计师还要为两辆汽车设置路外停车空间。由于铝质围墙的隔离作用，汽车被巧妙地隐藏起来，却很容易从房子和街道到达停车地点。小小的植物种植带装饰着浮露骨料铺砌的车道表面，为大片的混凝土表面增添了柔和感。在极其干旱的时候，客户将以黑色的卵石填满这条植物带，在为这个小区域创造不同的质感的同时，又便于水流渗入到地下，为植物补充水分，以应对缺水的状况。

花园的侧边围墙以深橄榄色或者深灰色为主，上面爬满了秋黄色的五叶地锦，两者相映成趣，别具韵味。

在这个花园里，设计师引入了大量的外来植物，使整个花园葱郁繁茂，各种各样的落叶植物和花卉大都选用具有秋天感觉的颜色。

09

沐水庭园

■ 项目地点：澳大利亚昆士兰州

■ 面积：3 371 m²

■ 设计公司：Jeremy Ferrier Landscape Architects

■ 承建商：Outdoor Aspect

■ 摄影师：Imago Photography, Jeremy Ferrier

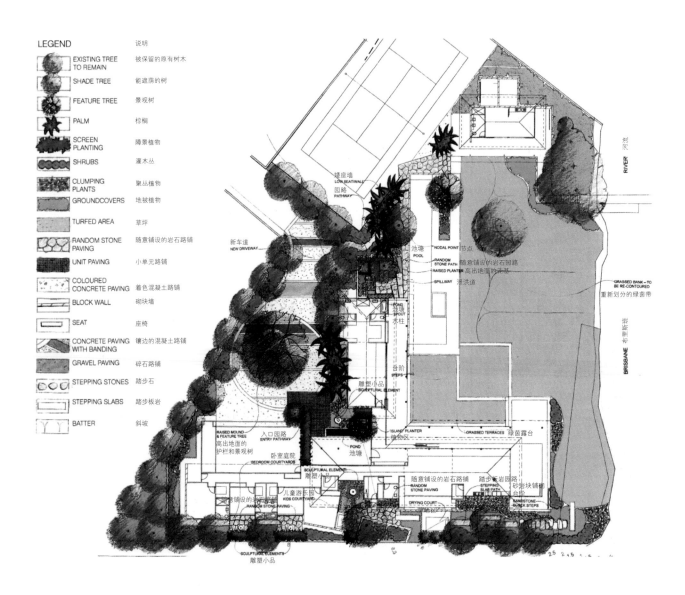

总平面图

　　根据客户的要求，设计师将为这个新式巴厘岛风格别墅设计一个在视觉上能与之相配，并在功能上能满足这个年轻大家庭各方面需求的大庭园。在设计中，大片实用型草坪将被改造成网球场，还增设了游泳池。这个房子位于绝美的河畔，因此，整个设计方案与之相互搭配，用清晰的开放式草坪边线连接无边际游泳池的边缘，把庭园朝河流的一面设计得简约而抽象，打造出一种整齐规则的景观，使河流成为整个庭园的视觉焦点。

亲子乐园透视图

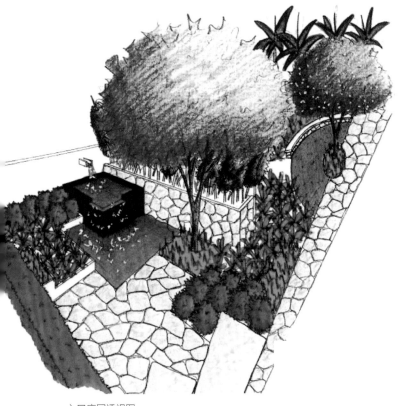

入口庭园透视图

　　在远离河景的庭园其他区域，设计师利用各种水景、雕塑、座椅和葱郁的热带植物打造了一系列私密庭园空间，让整个庭园变得既私密又温暖。另外，设计师对车道的设计也花费了不少心思，采用染色裸露混凝土交互层，并嵌以大卵石路面，使车道看起来就像是一个入口庭院的小径，而非通往停车场的道路。

　　层层叠叠的热带和亚热带植物团团围绕着庭园的外围，而庭园内部，设计师选用了叶片纹理对比强烈的植物，而不是花卉植物，来增加庭园的趣味性和协调性。

10

多样个性庭园

■ 项目地点：澳大利亚昆士兰州新农场马克街

■ 面积：274 m²

■ 设计公司：Jeremy Ferrier Landscape Architects

■ 承建商：Peter Milliken Landscape

■ 摄影师：Imago Photography，Jeremy Ferrier

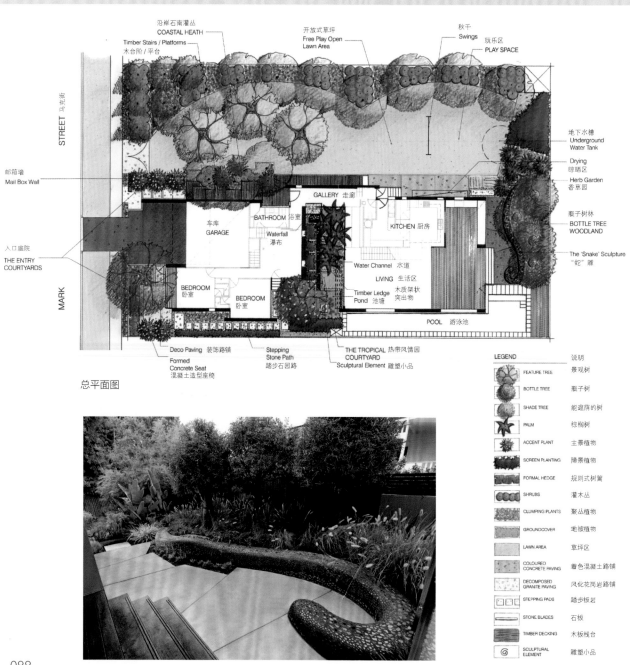

总平面图

沿岸石南灌丛 COASTAL HEATH
Timber Stairs / Platforms 木台阶 / 平台
开放式草坪 Free Play Open Lawn Area
秋千 Swings 玩乐区 PLAY SPACE
地下水檐 Underground Water Tank
晾晒区 Drying
香草园 Herb Garden
瓶子树林 BOTTLE TREE WOODLAND
The 'Snake' Sculpture "蛇" 雕
邮箱墙 Mail Box Wall
入口庭院 THE ENTRY COURTYARDS
车库 GARAGE
BATHROOM 浴室
Waterfall 瀑布
GALLERY 走廊
KITCHEN 厨房
Water Channel 水道
LIVING 生活区
Timber Ledge Pond 木质架状 突出物 池塘
BEDROOM 卧室
BEDROOM 卧室
POOL 游泳池
Deco Paving 装饰路铺
Formed Concrete Seat 混凝土造型座椅
Stepping Stone Path 跨步石园路
THE TROPICAL COURTYARD 热带风情园
Sculptural Element 雕塑小品

STREET 马克街
MARK

LEGEND　说明

FEATURE TREE	景观树
BOTTLE TREE	瓶子树
SHADE TREE	能遮荫的树
PALM	棕榈树
ACCENT PLANT	主景植物
SCREEN PLANTING	隐景植物
FORMAL HEDGE	规则式树篱
SHRUBS	灌木丛
CLUMPING PLANTS	聚丛植物
GROUNDCOVER	地被植物
LAWN AREA	草坪区
COLOURED CONCRETE PAVING	着色混凝土路铺
DECOMPOSED GRANITE PAVING	风化花岗岩路铺
STEPPING PADS	踏步板岩
STONE BLADES	石板
TIMBER DECKING	木板栈台
SCULPTURAL ELEMENT	雕塑小品

根据客户的要求，设计师将在这里打造一个新式庭园，并在庭园与房屋建筑之间建立强烈的物理和视觉联系。在庭园中，设计师还将为客户打造一些他们钟爱的景观，包括澳大利亚的大陆和海景景观，以及北澳大利亚和东南亚的热带雨林和溪流景观。

在整个设计中，设计师所遇到的最难的地方在于如何在一个如此小的住宅空间内，利用有限的区域，实现客户所期望的各种不同的景观风格及环境，并为它们创造一种独特的视觉连贯性，赋予它们强大的视觉吸引力。整个设计以打造一系列反映并象征他们所设定的某一个抽象景观为要点，而不是一系列复制的写实景观。

庭园与房屋之间的联系

在这里，设计师以水充当抽象的溪流，并将其作为连接室内外的主要元素。因此，溪流的源头设计在内部，沿着走廊穿过建筑的透明膜向外流入庭园。

其他用于强化这种联系的元素包括起居室大门外面的木质架状突出物，使人们不再在室内被动地观赏景色，而是得以走出室内，在室外憩息，尽情享受庭园的热带风情。

此外，原来作为入口园路通向房子的倾斜入口被打造成一系列尺寸不同、形态各异的木质阶梯或平台，"悬浮"于地面上，仿佛从海岸石南林中开辟出来似的。

热带庭园透视图

瓶子树林透视图

瓶子树林

瓶子树林是作为房子的户外起居空间的补充娱乐空间而精心打造的，其繁茂的形态为庭园提供了一道极佳的隐私屏障。瓶子树象征着昆士兰州，为庭园的主题做准备，而被设计成雕塑的座位墙则象征着红腹黑蛇，作为主题的延续。地面由一系列土红色的混凝土板铺砌而成，象征着澳大利亚大陆的土壤颜色，而作为昆士兰旱地林下植物的本土禾本植物和地被植物则让整个画面更加完整。

热带庭园

庭园中的焦点是一个作为山涧缩影的直线形水景，水从房子内部流出，经过外面的瀑布，进入一条狭长的水道，缓缓流向前方一个澄净的水池中。而围绕在水景四周的植物则多选用具浓烈热带气息的品种，搭配上以一定图案分布的植物带中的密植观叶植物，把整个庭园的主题演绎得淋漓尽致。

海岸石南

为了配合木质台阶或悬浮于地面上的平台的设计，设计师设置了海岸石南花，使房子的入口仿佛横穿一整片海岸石南。除此以外，庭园中所使用阔叶斑克木（*Banksia robur*）、全缘斑克木（*Banksia integrifolia*）和白千层（*Melaleuca leucadendron*）等植物也都属于典型的海岸石南地植被。

入口庭园

入口庭园临街的快速入口通道，采用规则传统风格，与周围的街景相互融合。庭园里的植物配置塑造了一个更古老的布里斯班内城郊区景象，四周以树篱和一些异地开花植物作为装饰，包括一些豹斑巨盘木、灌木丛和一些诸如木兰科和爱情花之类的地被植物。此外，庭园中的着色混凝土地铺砖板和形态各异的混凝土长凳等硬景观元素，不仅充满了时尚与现代感，还与整个庭园的设计风格相一致，更加完美地展现了房屋的特质。

娱乐空间

庭园的娱乐空间所处的位置是一块空地，在不久的将来还有可能被出售，因此，该区域的景观设计必须尽量低调和经济。考虑到以上种种因素，设计师最终为孩子们打造了一个完全不规则式的玩乐区和一个带秋千的开放式草地，四周以高大的树木围绕着，不仅为区域提供了屏障，还能遮阳。树木下方为丛生的耐旱灌木，呈规则的直线型分布，红梢白千层（*Melaleuca* 'Claret Tops'）和澳迷迭香（*Westringia fruticosa*）拥有对比感强烈的纹理和色彩，极富趣味性。

11

亚热带现代庭园

- 项目地点：澳大利亚昆士兰州门山奥丹休街
- 面积：485 m²
- 设计公司：Jeremy Ferrier Landscape Architects
- 承建商：Naturform
- 摄影师：Imago Photography, Jeremy Ferrier

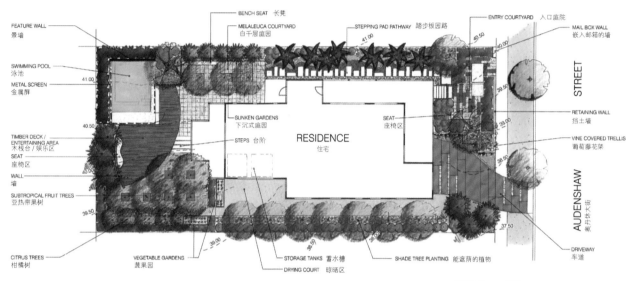

FEATURE WALL 景墙
SWIMMING POOL 泳池
METAL SCREEN 金属屏
TIMBER DECK / ENTERTAINING AREA 木栈台 / 娱乐区
SEAT 座椅区
WALL 墙
SUBTROPICAL FRUIT TREES 亚热带果树
CITRUS TREES 柑橘树
VEGETABLE GARDENS 蔬果园
STORAGE TANKS 蓄水槽
DRYING COURT 晾晒区
SUNKEN GARDENS 下沉式庭园
STEPS 台阶
RESIDENCE 住宅
SEAT 座椅区
SHADE TREE PLANTING 能遮荫的植物
BENCH SEAT 长凳
MELALEUCA COURTYARD 白千层庭园
STEPPING PAD PATHWAY 踏步板园路
ENTRY COURTYARD 入口庭院
MAIL BOX WALL 嵌入邮箱的墙
STREET
RETAINING WALL 挡土墙
VINE COVERED TRELLIS 葡萄藤花架
AUDENSHAW 奥丹休大街
DRIVEWAY 车道

总平面图

LEGEND　说明

EXISTING TREE TO REMAIN	被保留的原有树木	
FEATURE TREE	景观树	
SHADE TREE	能遮荫的树	
FRUIT / CITRUS TREE	水果 / 柑橘树	
UPRIGHT COLUMNAR SHAPED TREE	塑造成柱状的直立树木	
PALM	棕榈	
SCREEN PLANTING	障景植物	
HEDGE	树篱	
UNDERSTORY PLANTING	下层植被	
LAWN AREA	草坪区	
UNIT PAVING	单元铺地	
TIMBER DECKING	木质栈台	
EXPOSED AGGREGATE PAVING	浮露骨料路铺	
RETAINING WALL	挡土墙	
DECOMPOSED GRANITE PAVING	风化花岗岩路铺	
STEPPING PADS	踏步板	

　　高门山庭园是一个充满现代气息的亚热带庭园,专为城市郊区生活而打造。整个庭园包括户外活动空间、一个游泳池和一个香草蔬菜园,对房子起到补充作用,完全满足了拥有两个小孩的四口之家的活动需求。这个房子是一栋翻新过的昆士兰风格建筑,其建筑外观稍显传统,背面增建了时髦的外延;房子所在的区域是一个西向的陡峭山坡,没有任何的植被保护。此次,设计师对传统的昆士兰庭园进行了创新,通过对景观的升级改造反映时下户外休

闲娱乐的生活方式，以及对可持续发展与气候变化的环保考量。

在庭园前部，设计师以传统的尖桩篱栅打造了一个绿色边界，正对着奥丹休大街，覆盖着葡萄藤的花架为整个墙面增添了几分柔和，而庭园外部则采用植物而不是一般的栅栏进行围合，同时保证了庭园的私密性。设计师在房前所选用的植物主要是一些像爱情花、夹竹桃和凤凰树这类在布里斯班最受人喜爱的古典植物，再配上一些诸如丁香和瓶子树之类的澳洲本土植物。另外，设计师还以雕塑般的墙面作为前院的入口，并别出心裁地嵌入了一个小小的邮箱，这种大胆开放的墙面设计向人们揭示了一种未可知的当代性。

东侧庭园形成了一条随性而低调的园路，直接通往后庭园。在这个狭窄的空间里，碎石围绕的踏脚石铺砌了一条温暖闲适的信步小径。团团簇拥的棕榈树与层层叠叠的热带阔叶植物、开花灌木和丛生的地被植物一起，装饰了整条园路，使边界变得模糊，却巧妙地增添了它与邻居的距离感，保障其私密性。假槟榔（*Archontophoenix alexandrae*）、蓝果山姜（*Alpinia caerulea*）和海芋（*Alocasia macrorrhiza*）等本土热带雨林植物与龙船花属和凤梨科植物等外来物种相融合，色彩缤纷，纹理多样，形式多变，使整个景观葱葱郁郁，生机勃勃。而在西侧庭园，设计师特地种植了一排常绿蔓假山萝（*Harpullia pendula*），为房子提供树荫，把午后阳光隔绝于外。

而在后庭园，设计师更是舍弃了传统的开放式草坪，打造了一系列多功能室外空间。独特的"白千层庭院"把后庭园与房子紧密连接起来，庭院中的三棵白千层树为露天的泳池区提供了清凉舒爽的休息区。泳池以铺砌成一定图案的砖墙和曲线形的金属屏为装饰，这些雕塑元素赋予了庭园独特的个性及华美的观感，而不只是一个水的载体。毗邻泳池的曲线形木栈台形成了主要的室外娱乐空间。

此外，设计师把后院1/3的区域打造成一个专种果树、蔬菜和药草的农产品种植园，并使果树理所当然地成为景观之一，把这个农产品种植园与庭园的其他休闲区相互融合。如主休闲栈台西侧便 是一个种满了芒果树、牛油果树、番荔枝树和香蕉树的亚热带果林，随着树木的茁壮成长，整个栈台都将被一片葱郁的果林所笼罩。设计师还在热带果林旁边设置了一个香草蔬菜园，和柑橘树一起让整个农产品种植园更加完整。

12

错层式休息露台

■ 项目地点：西班牙

■ 设计公司：Philip Nash Design

■ 摄影师：Philip Nash Design

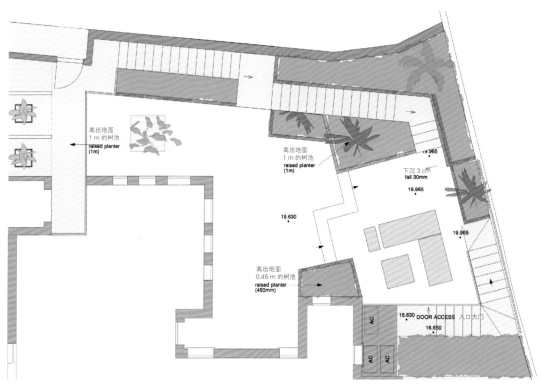

高出地面
1 m 的树池
raised planter
(1m)

高出地面
1 m 的树池
raised planter
(1m)

下沉 3 cm
fall 30mm

19.965

19.965

19.630

19.965

高出地面
0.45 m 的树池
raised planter
(450mm)

16.630 DOOR ACCESS 入口大门

AC

16.650

AC   AC

上层庭园平面图

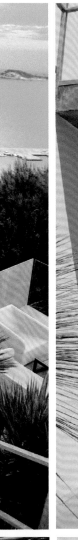

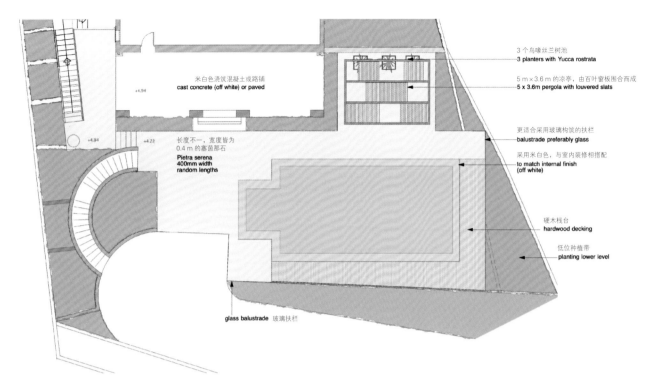

3 个鸟喙丝兰树池
3 planters with Yucca rostrata

5 m × 3.6 m 的凉亭，由百叶窗板围合而成
5 x 3.6m pergola with louvered slats

更适合采用玻璃构筑的扶栏
balustrade preferably glass

采用米白色，与室内装修相搭配
to match internal finish
(off white)

硬木栈台
hardwood decking

低位种植带
planting lower level

米白色浇筑混凝土或路铺
cast concrete (off white) or paved

长度不一，宽度皆为
0.4 m 的塞茵那石
Pietra serena
400mm width
random lengths

glass balustrade 玻璃扶栏

下层庭园平面图

这栋新购置的别墅靠近西班牙某地的一处峭壁，拥有广阔壮丽的海湾景观，经过这次大规模修缮，彻底改变其建筑外观及其周边景观。设计师所面临的挑战就是要在一个如此极端的地域中打造一栋外表摩登的别墅。

浩大的工程彻底释放并打造出极妙的空间。在设计中，设计师以一个宽广的泳池露台、多个树池、错层式休息露台，以及连接着底层和屋顶庭园的悬浮式楼梯最大限度地拓宽了视野。

露台采用平滑的意大利砂岩铺砌而成，取材于博洛尼亚附近的山丘。风格大胆的抹灰墙壁强化了山坡的轮廓，使整栋别墅在景观中显得格外突出。引人注目的造型植物是别墅的亮点，随后，人们的视线被引向前方由海湾、大海和阳光组成的美景。

无论是室内还是室外，该别墅的设计都体现了建筑和美学的结合，例如，墙面上的小窗口设计，让人们瞥见近处的庭园及远处的无边海景。人们可通过主入口的电梯直达别墅中心区。当人们走向电梯时，通过悬浮式人行道上的玻璃护栏，可丝毫不受阻碍地观赏到下面海湾的美景。

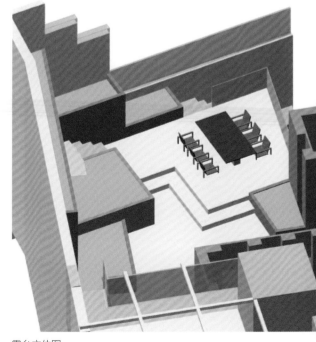

露台立体图

13

私密观景庭园

- 项目地点：美国华盛顿
- 面积：1 858 m²
- 设计公司：Charles Anderson｜Atelier ps
- 摄影师：Larry M.Smart，Lara Normand
- 主要材料：预制混凝土铺路材料、当地石材

总平面图

这座宽敞的房屋位于西雅图市区北部边缘的一个上坡上，是一栋充满西北风格的现代建筑，坐拥普吉特海湾的壮阔海景。厨房和入口的改造使房子和花园的布局和联系得以发生变化。整个庭园的设计创建了一个私人东向早间露台和一个西向观景露台，观景露台构成户外起居室，扩大了招待客人的空间。

面向早间露台的斜坡种植了观赏植物和多干山茱萸，在入口车道和新厨房之间形成一道天然的隐私屏障，并有秋天的色彩观感。宽大的台阶直通房子的大门，台阶以灯心草和莎草作为边缘，把相邻的一个简单的混凝土溢洪道和深色水池连接起来。当参观者慢慢地接近大门的时候，他们不仅能听到潺潺的流水声，还能观赏到车库和房子之间的小院子里那棵成熟的日本枫树，以及苔藓类、蕨类和盟多草之类的遮阳植物。

庭园中的草坪被重新分级，西向露台也被扩大，再以横条的木屏风作为背景，形成了一个宽大的私人座椅区，从这里能观赏到遥远的奥林匹克山。一直延伸至草坪的新石阶四周种植了大量的须芒草、喷泉草和薰衣草，为从露台边缘欣赏下方的草甸创造了一个绝妙的前景。

14

现代休闲园

■ 项目地点：英国吉尔福德

■ 设计公司：Philip Nash Design

■ 摄影师：Philip Nash Design

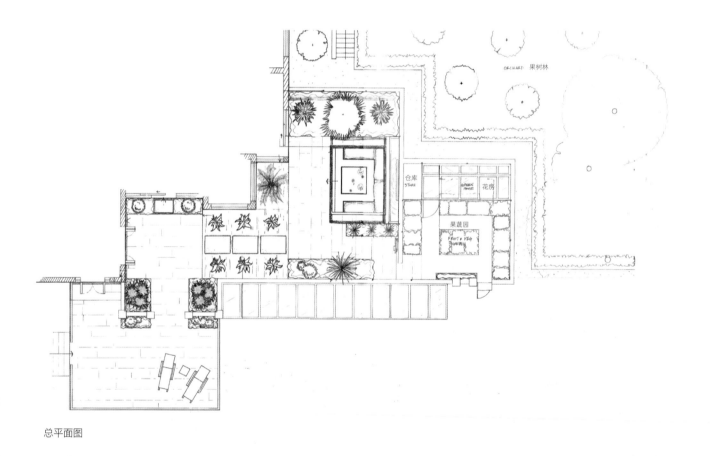

ORCHARD 果树林

仓库 STORE

GARDEN HOUSE 花房

果蔬园

FRUIT & VEG 果蔬

总平面图

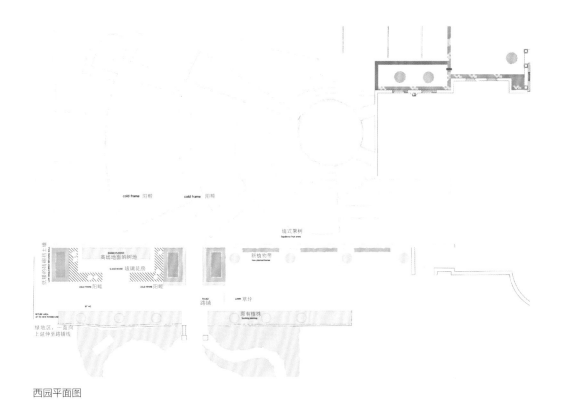

cold frame 阳畦   cold frame 阳畦

墙式果树
Espalier-ed fruit trees

高出地面的树池   新植物带

玻璃花房

草坪
路铺

原有植株

西园平面图

该房子和庭园被业主分多个阶段进行了大规模的整修，Philip Nash Design 最先参与了这个现代庭园的设计，并于随后提供了一个设计方案，包括一个带围栏的屋顶草坪、泳池露台、各种草坪和种植地区、蜿蜒的步道，以及西园的开发计划。西园将被建成一个极富现代气息的娱乐休闲空间，内含座椅区、滚球区、火坑、独立座椅区和温室。

庭园的入口是一条横跨倒影池的石阶路。该空间主要是一个休息区，位于钢制花架下，空间宽敞，还带有一整套户外休闲家具，装有照明和取暖设备，为晚间娱乐提供了一个很好的环境。该区域内的焦点景观元素是岩石水景墙，带来了清脆悦耳的流水声，使空间变得灵动。区域内种满了造型优美的热带植物。穿过这里，就是紧挨着厨房的封闭式香草园。室内游泳池则独立于景观之外，悄无声息地吸引人们的眼光，并融入自然美景中。而屋顶草坪的设计则主要是为了使其与下面的草坪及庭园的其他区域达到视觉上的连贯，从上面看时，房子就如同消失了一般隐藏在草坪下。

西园的开发主要是为客户提供一个更大的娱乐空间，同时为花园创造更多的探索和体验空间。成熟的装饰树木树影斑驳，突出了庭园的滚球区，充满了浓浓的地中海风情。种植主要采用大规模季节性开花的聚植模式。

其余的草坪和庭园其他区域也被开发了，每个区域都别具一格，并有更具自然感的、混合种植的灌木丛和季节性开花的植物等。

PART Ⅳ｜日式庭园

01

花海庭园

■ 项目地点：美国科罗拉多州

■ 面积：20 500 m²

■ 设计公司：Marpa Landscape Design Studio

■ 设计者：Martin Mosko

■ 摄影师：Martin Mosko

总平面图

以古老的原则为基础，这个庭园体现了高度现代的设计。该庭园始于第一座房屋后面，以四座山丘围成一个深谷。谷中的池塘外形粗犷随意，象征着思想的纯净和心灵的随性。四座山丘分别蕴含了龙、乌龟、雪狮和凤凰的精髓，其中，龙之山以龙口瀑布为开端，流水汇成一段短短的小河，在瀑布口处飞流直下，落入中央池塘中；龟之山以山石为脊，一直向下延绵到石龟的基底；雪狮之山顶部团簇着纯白的蝶须花，一条溪流沿着园路一直延伸到山脚；而凤凰山则屹立在茶室后方，把小小的坪庭花园巧妙地隐藏在背后。

第二个庭园是在第一庭园完成一年后建造的，以龙作为两者间的连接，现在，"龙头"位于第一个庭园，"龙尾"则位于第二个庭园，中间通过背部相连。同样地，第二庭园的设计延续了隐喻的设计理念，每座山都与五大宇宙能量中的其中一种相联系，并拥有各自不同的色彩。蓝之山位于象征着纯净内敛的蓝色花海中，沿着长长的视线轴，横越庭园的大部分区域。蓝之山的山脚下是象征着活力及愉悦的绿之园。"母山"须弥山则种满了来自世界各地的1 800 种高山植物，组成一个高山植物园，一直向西延伸，直至象征着财富、成就和丰饶的黄色花园。沿着黄色花园的巨石楼梯向上走，出现在眼前的是一座宁静的、充满禅意的白色山丘，西方极乐世界的佛陀圣地。继续向北，回绕屋子的则是象征着激情、刺激和秘密的红色山丘。

总的来说，虽然整个区域面积浩大，但是，经过精心的设计，它已经成为一个充满亲切和悠闲之感的庭园空间。

02

和风瑰宝园

- 项目地点：英国英格兰 白金汉郡
- 面积：12 140 m²
- 设计公司：Acres Wild Landscape and Garden Design

- 设计者：Ian Smith
- 摄影师：Ian Smith
- 主要材料：玄武岩、花岗岩、日本植物

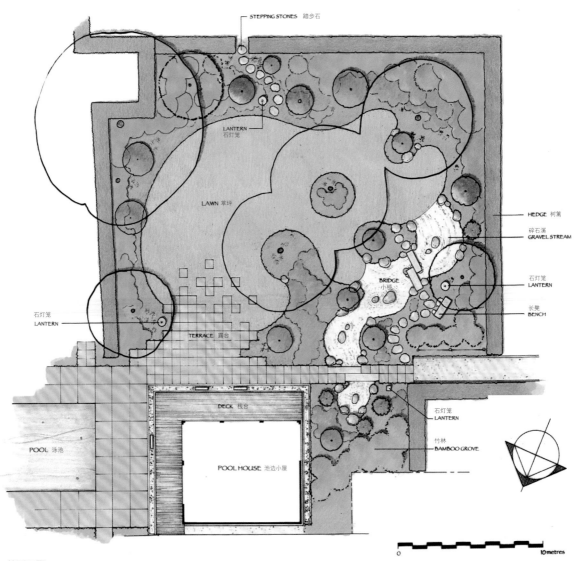

总平面图

这是一个小型围合式日式庭园，位于白金汉郡郊区一个稍大的乡村花园内。庭园本来就以草坪铺地，还种了一棵珙桐树。

花园的设计目标是要营造一个安静的、适合冥想的日式庭园，与新建的池边小屋相互映衬，并为房子提供一条道路，直通游泳池和网球场。

池屋栈台旁边的露台采用方形的黑色玄武岩板铺砌而成，并以零碎的片段拼合形式一直延伸到一个曲线形的草坪里。两座花岗岩"桥"穿过石溪和花岗岩踏脚石，形成一条随性自然的园路，把庭园的入口和草坪连接起来。在庭园中，石元素，如长凳和充满东方色彩的灯笼，成为庭园的焦点，而其他的一些小装饰品、台阶，以及细节的处理，则让人回想起日本园林。另外，草坪、露台和石溪的四周种满了各式植物，围绕着原有的树木作为庭园的边界，为庭园增添了更浓郁的东方特征与气息。庭园里所栽种的植物几乎都为日本的本土植物，包括用作障景的竹子、作景观植物的枫树和松树，以及富 贵草属长青地被植物和麦冬属植物。

03

恬静禅园

▪ 项目地点：美国加利福尼亚州希望农场

▪ 面积：240 m²

▪ 设计公司：Grace Design Associates, Inc.

▪ 设计者：Margie Grace

▪ 摄影师：Holly Lepere Photography

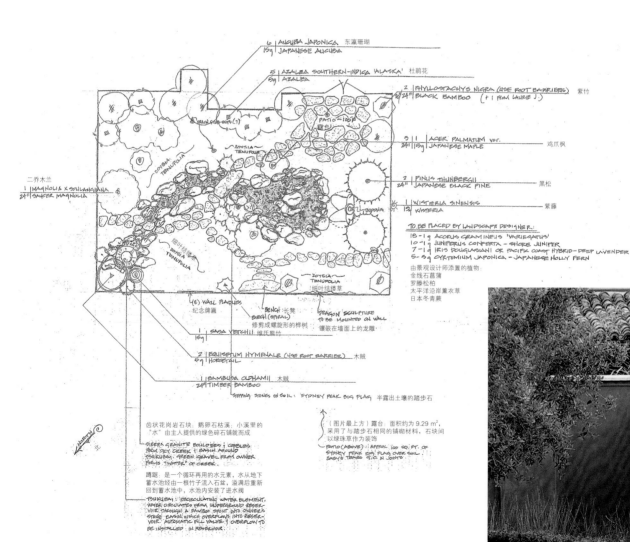

总平面图

这个恬静的禅园位于占地 929 m² 的意大利式豪宅旁边，被 1.8 m 高的灰土墙围绕着。灰土墙上镶挂着业主的部分艺术收藏品，包括一块有 400 年历史的砖刻龙雕和两幅古代石刻画。庭园的入口是一道蓬门，透过蓬门，人们可以直接看到庭园中的水景，两者相映成趣，如同一幅装饰画。

整个庭园被分割成几个子空间，创造出流畅的场地感及大气的外观。庭园中的景物都经过设计师的精心布置，包括一个 1.8 m 高的佛陀雕像、一个 30 cm 高的祷告钟和一个重量达 1 134 kg 的石缸。另外，设计师还挑选并精心放置了一些观赏性植物标本，使其与园中的其他材料、景物相协调。而庭园的硬景元素则主要由岩石、大卵石、鹅卵石、石板和座椅构成，均采用柔和的灰色调，与其他低调质朴的植物相搭配，构成一个统一的景观元素，贯穿整个庭园。此外，庭园中还设置了冒泡式喷泉、干河床、几处竹景和复古石灯笼。

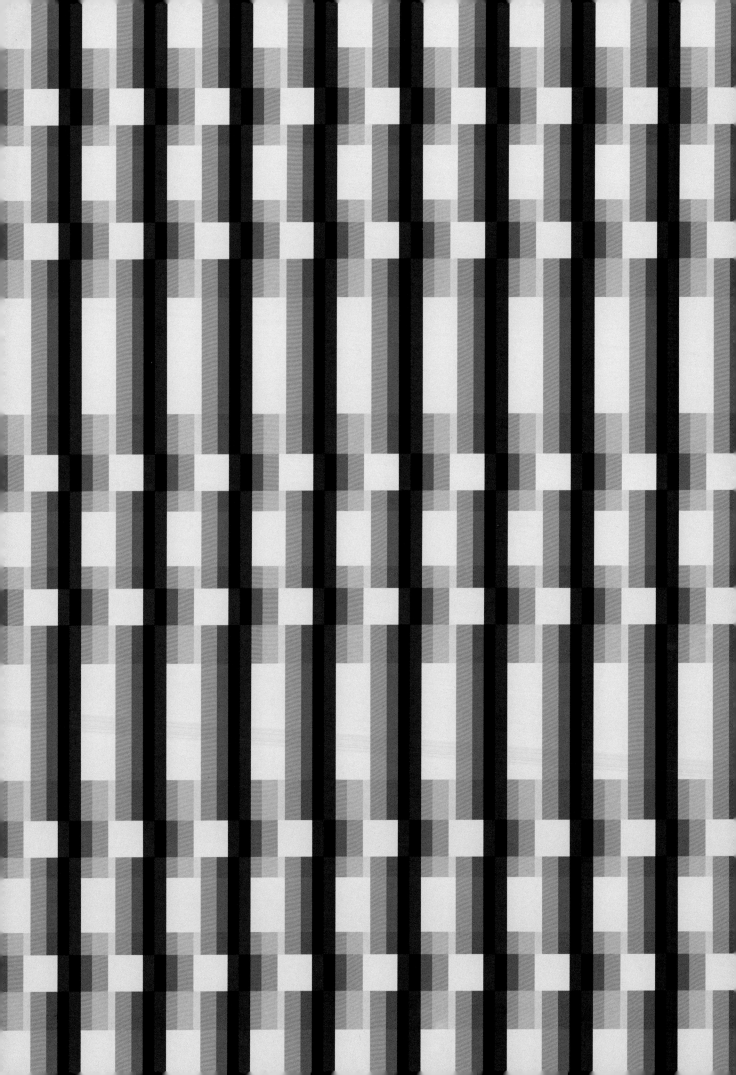

PART V | 综合式庭园

01

现代乡村花园

- 项目地点：英国汉普郡
- 面积：12 140 m²
- 设计公司：Acres Wild Landscape and Garden Design
- 设计者：Debbie Roberts
- 摄影师：Ian Smith

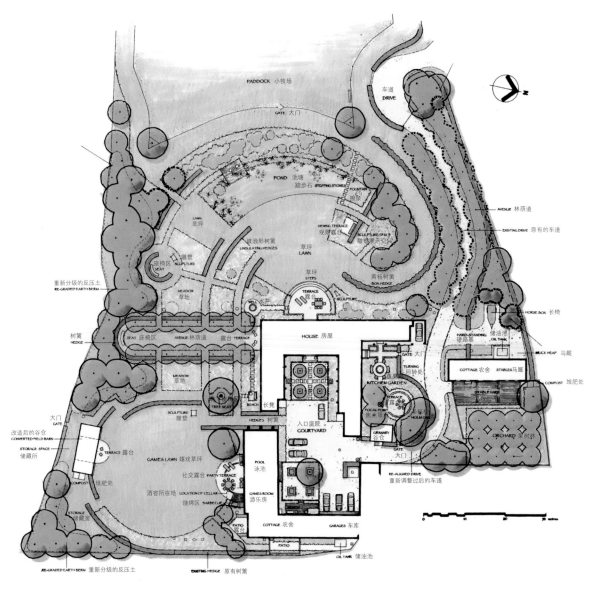

总平面图

庭院草图

蔬菜园

努尔斯缇粮仓原本是一系列农业建筑群，现在已经转变成一个豪华的家庭寓所，里面包含马厩、谷仓及几间小屋。改造前，沿着南边围墙新建的车道和改造过的土质堤岸围蔽出一条相连的步道，除此以外，整个庭园都铺设了草坪。

这个庭园的设计目标是要把原本毫无特色的室外空间有机组合起来，进行功能性布局，为谷仓营造一个与之相称的"现代乡村"式环境。设计主要突出唐斯陵地的景观，并在同一方向上为庭园提供屏障。庭园应包括大量的户外生活及娱乐空间、各种各样的园中小径、一处水景和一些雕塑展示台。整个设计应大胆而简单，富于野趣，不仅非常实用，还易于维护。

经过改造，一个充满现代乡村风格庭园诞生了，它尽情展现了其广袤壮阔的乡村环境，由6个形态各异却相互联系的庭园空间组成，包括车道及入口庭院、厨房和谷仓之间的私人芳香园、马厩前面的果林区、池仓外面的一大片嬉戏草坪和聚会露台、起居室外围起到划分场地和遮阳作用的林荫道花园，以及房子西面的大花园。大花园内还包含一个延绵50 m的弯曲形池塘，池塘周围有观景栈台、种满花草的宽堤和黄杨树篱，巧妙地遮掩并围合了整个空间，并把南唐斯陵地的绝美景致引入庭园。

池塘草图

02

悠然庭园

■ 项目地点：英国英格兰萨里郡　　　　　　　　　■ 设计师：Ian Smith

■ 面积：10000 m²　　　　　　　　　　　　　　　■ 摄影师：Ian Smith

■ 设计公司：Acres Wild Landscape and Garden Design

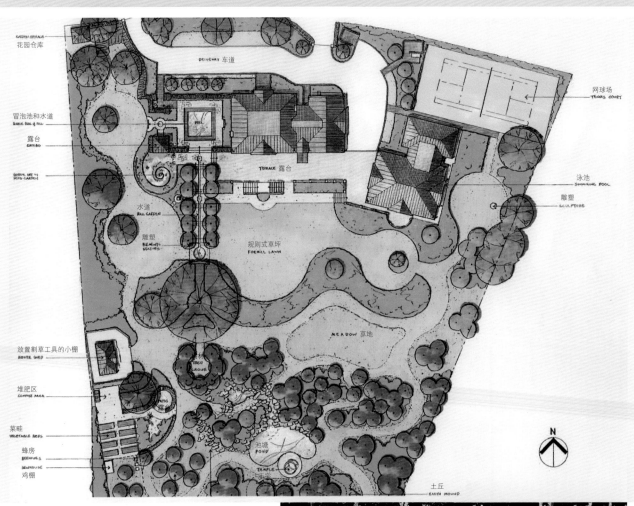

总平面图

　　金雀花山房位于山眉，东南面景观开阔，是一座比较新的家庭住宅，内含一个独立泳池和健身房。整个庭园都以草铺地，西部边界处种了一棵高大伟岸的红橡树和一些杜鹃花，把附近其他房子巧妙地隔绝于视线之外。

　　该项目的设计目标是要围绕新房打造一个拥有大量娱乐休闲空间的规则式庭园，可容纳一个小型或大型团体在内活动。水是整个庭园的设计主题，而离房子越远之处，庭园的设计就可以越灵活。

　　一个带对称露台的、充满乡村气息的庭园，几个围绕新房的小庭园，以及更远处的不规则空间，都被围合在规划好的地被植物带内。三个独立水景贯穿整个区域，不仅合理利用了斜坡，还把整个花园统一起来，形成一个整体空间。水从房子西面的花岗岩喷水口沿着一条浅浅的石砌水道向东流入一个大型方形倒影池。

　　从庭园的顶部向下俯瞰，可以看到垂直于倒影池的正南方是一个呈阶梯状的直线形跌水，倒映着林立两旁的橡树。倒影池里的水流入跌水，越过橡树，最后经由一系列小池和瀑布流入一个大型的"天然"池塘。小池的边缘以沙石堆砌。大型池塘四周种满了各式植物，朝向其南端更低处的庭园。从地被植物中长出来的这些装饰性禾本植物与日本枫树交相辉映，使庭园变得更加悠然随性。

03

万态百草园

- 项目地点：英国英格兰 萨里郡
- 面积：1250 m²
- 设计公司：Acres Wild Landscape and Garden Design

- 设计者：Debbie Roberts
- 摄影师：Ian Smith
- 土壤：上层庭园为沙质土壤，下层庭园为沼泽地

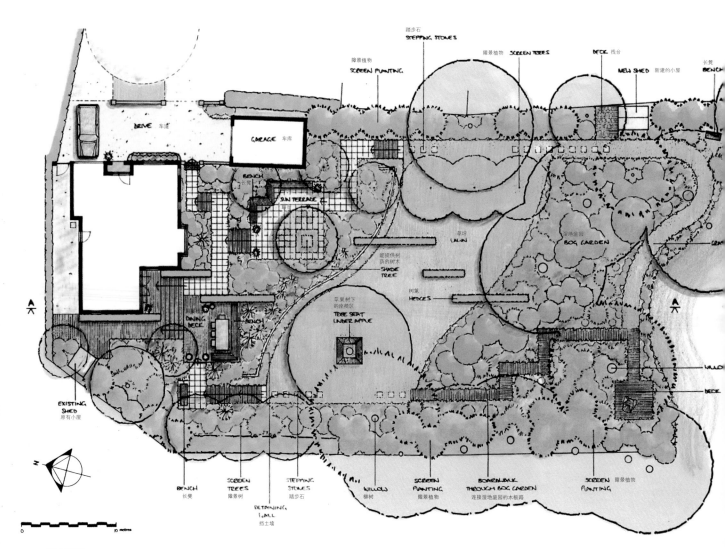

总平面图

这座溪畔住宅位于萨里郡一条安静的小巷尽头，是一座低调的砖砌房屋。全园原本铺设草坪，以稍显老式的边界和碎石挡土墙围绕四周，下层庭园偶尔还会出现水浸现象。

此次设计要点是要充分发挥斜坡的作用，打造出两个具高度实用性的户外空间，也就是一个用餐区和一个日光浴及休闲娱乐区，另外还要在庭园尽头设置一个观景区，以便观赏溪流的景色。整个庭园应既实用，又充满乐趣和神秘感，葱葱郁郁的热带观感能让人们一下子逃离冗长繁忙的生活。

庭园层次错落，充满现代气息，栈台及草坪区被葱郁繁茂的观叶植物所包围。整个庭园包括一个临近房子的大型用餐区栈台，再往外是一个日光露台和休闲娱乐空间，皆设有嵌入式木座椅。栈台台阶把房子和露台一起连向斜坡更下方的草坪。庭园顶部和草坪之间的边界处横亘着 75 cm 高的混凝土挡土墙，前面则种了一排大花萱草。越过草坪是一条木板人行道，一直延伸到溪流旁边的木栈台上，沿途种满了湿生植物，有效地抵御了偶尔发生的水浸。

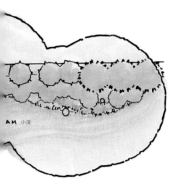

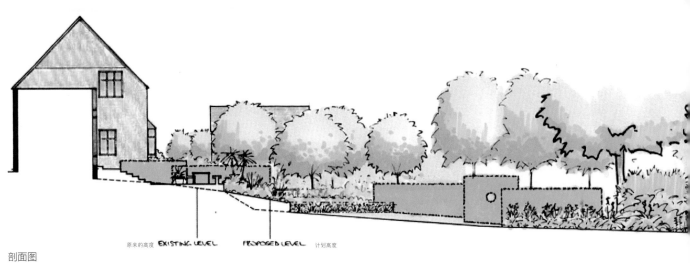

原来的高度 **EXISTING LEVEL** **PROPOSED LEVEL** 计划高度

剖面图

草图

04

神秘谷花园

- 项目地点：美国加利福尼亚州蒙特西托
- 面积：10 117 m^2
- 设计公司：Grace Design Associates, Inc

- 设计者：Margie Grace
- 摄影师：Holly Lepere Photography
- 主要材料：岩石、沙砾、灰泥墙、花盆

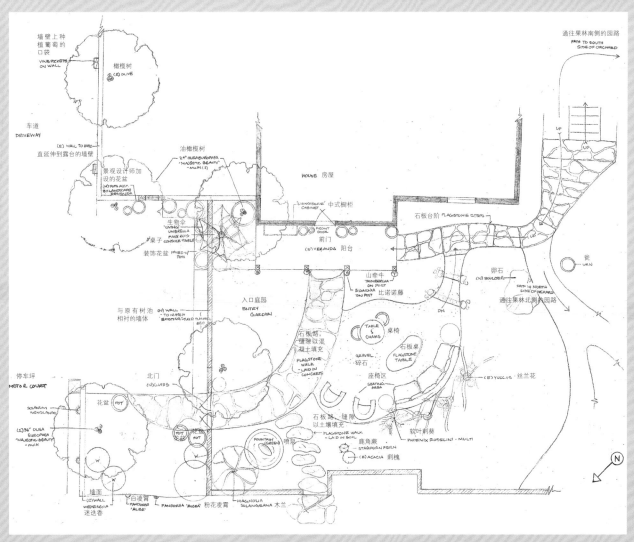

总平面图

新近的工程建设把庭园所有的水平地面都运用了起来，并将其一分为二，使整个庭园的面貌发生了巨大的改变。

设计师保留了围绕房子两侧和露台原有的灰泥墙，另外还堆砌了一面新的灰泥墙围合出一个停车坪，同时在主建筑的前方形成一个封闭式入口庭园。推开古朴的大门进入内院，一条蜿蜒的园路一直延伸至房子的前门。原有的露台墙上的门被一道大型的铁屏风所代替，以避免人们将其与房子的前门混淆。

停车坪四周的墙面松散地覆盖着葡萄藤，充当大型盆栽的背景。盆栽中种植了各式具有雕塑感的植物，并以大量的卵石覆盖其表面。分布于新墙内外的大橄榄树为明亮宽敞的停车坪带来了丝丝柔美，把两个空间紧密联系起来。

　　此外，设计师还在庭园中设置了一条大卵石打造的长凳，以象脚丝兰为背景，颜色丰富、图案多样的软垫为依托，不仅为庭园提供了挡土墙，使庭园平整，还为人们提供了休息场所，并成为整个庭园的焦点。原有的刺槐树所产生的斑驳树影让长凳变得阴凉，树上缠绕着大鹿角蕨，并可悬挂一些小植物和枝形吊灯。

　　区域内的所有建筑都使用相似的油漆颜色，以达到整体空间的统一。两段砂石台阶把狭长的坡地草坪分成几块，原本闲置的大片草坪如今变成了果园和雕塑园。庭园中的家具、花盆及其他饰物包括一个阅书处、一把"生物伞"、一个喷泉，以及一套苔藓植物桌椅和床铺。

05

柔和景观

- 项目地点：澳大利亚昆士兰州切尔默市月桂大道
- 面积：1 131 m²
- 设计公司：Jeremy Ferrier Landscape Architects
- 承建商：Outdoor Aspect
- 摄影师：Imago Photography, Jeremy Ferrier

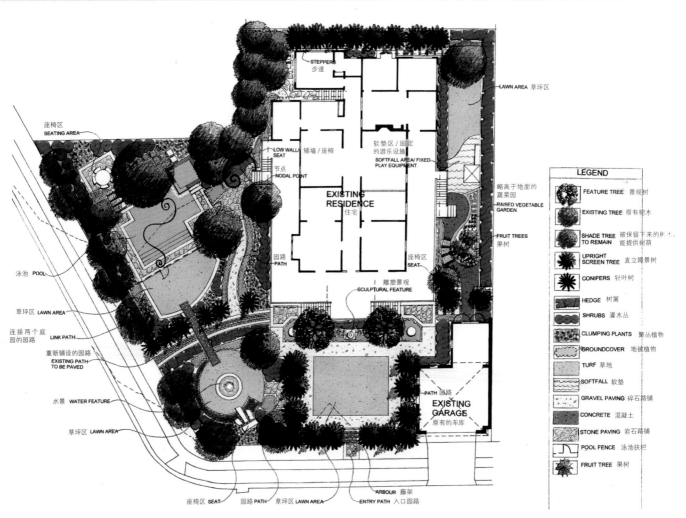

总平面图

入口庭院透视图

泳池透视图

庭园所在的居所是一座美丽的昆士兰传统房屋，位于布里斯班林木成排的旧郊区，由于新近的重修工程，户主希望设计能为这座房屋打造一个全新的庭园，凸显房屋的历史，同时增加房屋的独特性。这个庭园的构成要素主要有游泳池、室外用餐区、游戏空间和果蔬园，设计的重点在于其景观的柔和性，尽可能地减少路铺表面所带来的刚硬质感。

庭园内有许多年代久远的树木，设计师保留了这些树木并在其四周穿插了新的园林要素。例如，设计师在游泳池和水疗池边设置了独立的座椅区，紧紧围绕在美丽的山核桃老树边，充分利用了树木的自然遮阳优势。葱绿的草坪一直延伸到泳池边缘，形成了一个柔和的绿色边缘。

房子的入口处有一大块稍稍凸起的矩形草坪，四周围绕着整齐排列的热带桦树，以风化花岗岩铺砌的园路成为草坪的边缘，并为整个庭院带来一种别样的质朴和温馨。

入口庭院的一侧是一个"隐秘花园"，主要由一个圆形草坪构成，四周围绕着鼠尾草、黄花菜、薰衣草和栀子花等各式古典花卉植物。此外，设计师还在古老的雪茄花树荫下设置了一个由大块切割砂岩形成的座椅，供人憩息。

而在房子狭窄的东侧一个隐蔽的角落里，成片的蔬菜园、各式果树与玩乐区连接在一起，集儿童游乐园和农产品园于一体，趣味十足。

06

自然田园花园

....

- 项目地点：英国英格兰诺福克
- 面积：450 m^2
- 设计公司：Marcus Barnett Landscape and Garden Design
- 设计者：Marcus Barnett
- 摄影师：Helen Fickling
- 主要材料：橡树、沙砾、天然岩石

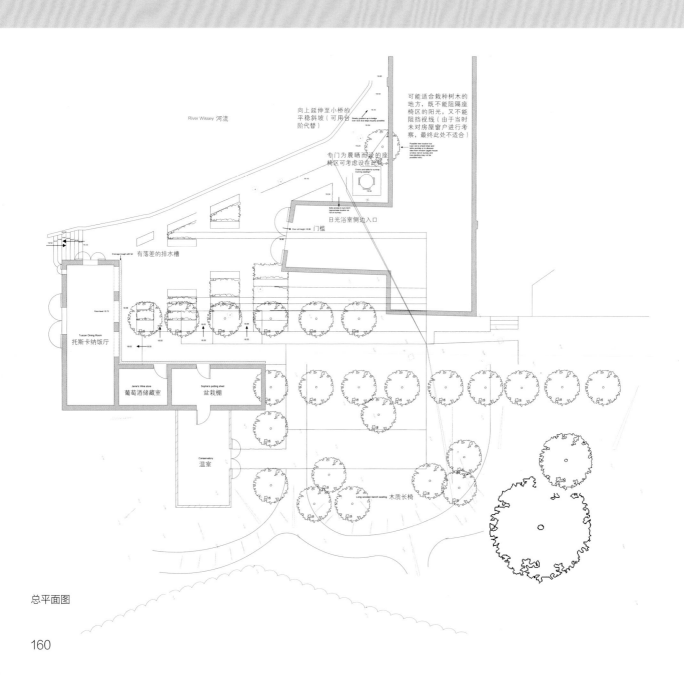

总平面图

该庭园位于一片荒弃的土地上，其设计的主要目的之一就是要打造成连接着主楼建筑和外屋的桥梁。

在这个庭园里，其得天独厚的自然环境成为设计的灵感来源。房子是座古老的水磨坊，中央横亘着一条小河。受其传统建筑材料影响，再加上周边的田园和林地环境，设计师决定选用传统材料，并以一种温和的现代手法融入设计中。 庭园设计的另一个主要灵感则是庭园旁边那条横穿房子的河流，其川流不息的姿态和潺潺的流水声极大地影响了整个庭园的设计思路和植物的配置。

为了满足家庭或大或小的的活动需要，为其提供特定的娱乐休闲区，设计师对外屋进行了改建，还增建了新的外屋，充当户外用餐区和早餐区。此外，设计师还打造了一个掷球区和草坪作为游戏用地。至于中央的小河的围墙则尽量保持低矮，两边不栽种高大的植物，使户主可以在庭园钓鱼。简约也是本项目设计的要点之一，以表现出周围建筑和河流原有的一种独特的氛围，而不是掩盖它。主屋和外屋之间的关系，展现了毗邻空间之间的不协调性。因此，此次设计手法就引入了强度感和几何感。

整个项目的主要景观包括大块橡木制成的座椅、河畔的多梗海棠树，以及碎石拼砌结构。修剪的黄杨树篱把设计中独立的元素连接起来，多年生植物为整个庭园带来了颜色的变化，并使之与四周的景观相融合。禾本植物则映衬出川流不息的河水。

07

缤纷彩乐园

- 项目地点：美国科罗拉多皮特金县
- 设计公司：Design Workshop, Inc.
- 设计者：Richard Shaw
- 摄影师：Dale Horchner

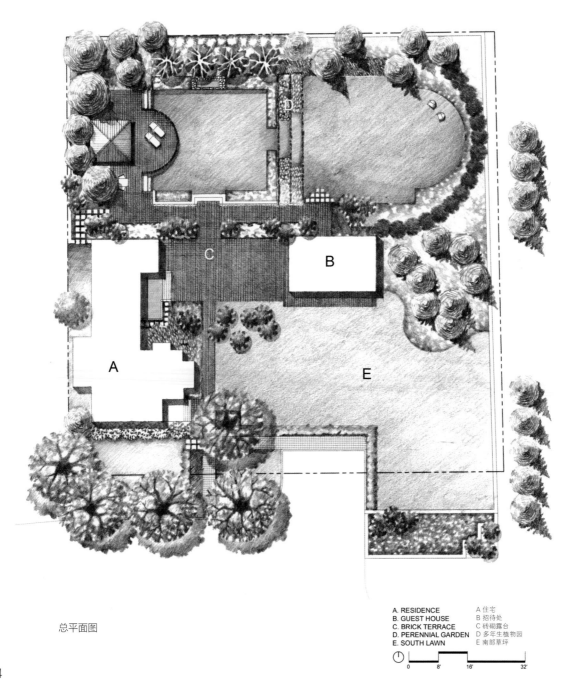

总平面图

A. RESIDENCE   A 住宅
B. GUEST HOUSE   B 招待处
C. BRICK TERRACE   C 砖砌露台
D. PERENNIAL GARDEN   D 多年生植物园
E. SOUTH LAWN   E 南部草坪

0   8'   16'   32'

这个住所位于美国阿斯本历史悠久的西端心脏地区，是一栋著名的建筑物，有着浓浓的维多利亚时代特征，各种鲜艳的颜色以适当的比例相互融合着，生动而低调，有深蓝色、紫色和洋红色。

整个庭园分为公共区和私人区两部分，公共区主要用于为过往的行人提供视觉的享受，而私人区则主要是为了增加业主自己的乐趣。通过创建几个不同层次的户外空间，整个设计丰富了空间的体验。这些户外空间采用植物软边进行分界，再以轴向人行道使之相互连接。其中有一些空间适合夏季娱乐，一些则适合私人的享受。

在花色的选择上，设计师力求让其与房子的外观产生共鸣，使整个庭园看起来充满亲切感。类似于'约翰逊之蓝'老鹳草（Geranium 'Johnson's Blue'）之类的仲夏开花植物被特地挑选出来，与墙壁的颜色和装饰相匹配，补充着砂岩和砖这些简单的硬景观元素。与维多利亚时代典型的繁琐庭园相比，这种设计的庭园户外空间显得更为宽广，并且使用了借景方式，附近的走私山和红山山景一览无遗。

房子沿着通往阿斯本音乐节的主要人行道分布，处于一个突出的角落中。现有的本地三叶杨和阿斯本树种围绕在房子的四周，经过修剪的金露梅（Potentilla fruticosa）围成的规则式树篱隔离出停车区。一条砖砌人行道从街上沿着房子的东面一直延伸，房子的东面朝向最近新增的谷仓。这个谷仓让人回想起农业社会时期。屋前的庭园有着清晰的轮廓，以简单的多年生植物和树篱作为草坪边缘，使整个场地显得规整而富有都市气息。此外，设计师还通过精心选择多年生植物以及使用砖和砂石等传统材料，来表达对该地区历史特征的尊重。

最宁静的庭园位于屋后。曾经的网球场如今已变成一个下沉式庭园，各种典型的维多利亚时代的多年生植物环绕四周。这些花卉的花期从早春一直到秋季。高大的白色沙斯塔雏菊、粉色福禄考、橙色金针、紫色风铃、紫色松果菊和蓝色山萝卜等暖色调植物相互混合，相互搭配。从北面干涸的砂岩墙上涌出的喷泉，给庭园带来了宁静而舒缓的流水声。通往庭园上层草坪露台的宽大台阶采用草坪踏步和砂岩竖板铺设，柔和而雅致，增强了空间的亲切感。

08

新式复古园

- 项目地点：澳大利亚维多利亚州墨尔本市博文街
- 面积：900 m²
- 设计公司：Jim Fogarty Design Pty Ltd
- 设计者：Jim Fogarty
- 摄影师：Dale Horchner

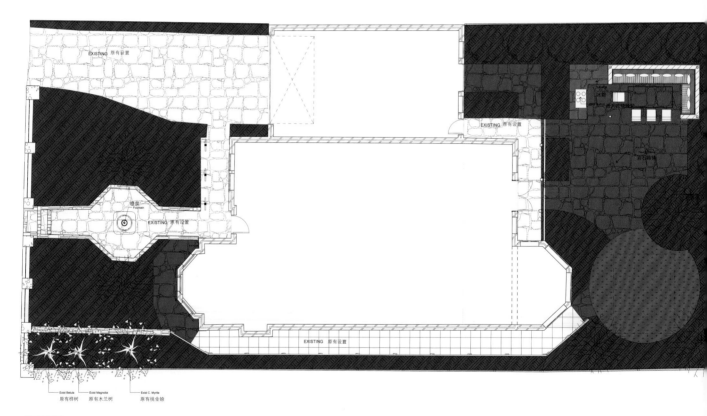

总平面图

花园中所选用的植物有'十月光辉'红花槭（*Acer rubrum* 'October Glory'）、'森林火焰'加拿大紫荆（*Cercis canadensis* 'Forest Pansy'）、大叶泽兰（*Eupatorium megalophyllum*）、八角金盘（*Fatsia japonica*）、阔叶十大功劳（*Mahonia bealei*）、'小宝石'荷花玉兰（*Magnolia grandiflora* 'Little Gem'）、假栾树（*Melianthus major*）、蜂斗千里光（*Senecio petasites*）、珊瑚树（*Viburnum odoratissimum*）、维康草（*Wigandia caracasana*）。

这是一座两层楼高的联邦风格建筑，外观宏伟。在这里，设计师需延续老式庭园的宏伟风格，构筑一个庭园，并为房子覆上一层完全不同的色彩，把庭园和房子紧密地联系在一起。为了配合房子的双层复式结构和削弱房子前部的宏伟气势，设计师还需要在这里种植一些高大的绿色树木，使房子整体向后融入庭园。

在整个项目中，建筑的外立面是唯一需要重新上漆的地方，其配色方案灵感来源于原有的石砌路铺和墙面的棕色或灰色色调。

宏伟豪华的双层楼房自然需要一个气派十足的入口庭园，尤其是在干旱期，原有的小草坪和中央喷泉不能满足要求。因此，设计师打算以一个绿色的植物海洋取代原本小而乏味的草坪，并以规则对称的组合方式凸显庭园的非凡气派。

为了削弱房子的宏伟气势，设计师采用两棵'十月光辉'红花槭（*Acer palmatum* 'October Glory'）作为景观植物，树下满布着'紫王冠'麦冬（*Liriope* 'Royal Purple'），配以错落分布的修剪黄杨树球，增加了空间的形态变化，形成了强烈的视觉冲击。团团簇拥的麦门冬仿佛一块草坪一样，葱绿自然，却不需要任何的修剪，也不会受水的制约。

车库屋顶的顶部轮廓原为充满装饰艺术气息的曲线形，设计师将其调整为水平，以与房子的旧时代风格相匹配。车库覆盖了一层新的油漆，与庭园配色方案相呼应。然而，车库的大门在前庭园中过于突出，设计师用铁锈色涂料改变了车库大门的外观，赋予它古老的色彩，增加了庭园的历史韵味。此外，原有的混凝土喷泉也以同样的涂料进行改造，完全改变了其外观，把将要被遗弃的物件重新利用，取得了意想不到的效果。

后庭园是唯一可以放置水箱的空间，由于受到庭园大小的限制，设计师决定安装定制的亚特兰蒂斯机箱系统，取代预制混凝土水箱，以适应庭园的大小和布局。蓄水区位于后庭园的圆形草坪下方，为了帮助收集雨水，设计师还设置了一个有盖烧烤炉，作为集水设施，帮助蓄水池蓄水。

后庭园设有烧烤区，区域内的太阳能屋顶不仅有收集雨水的作用，还为下方的座椅区提供遮阳。烧烤炉和冰箱的设计与四周的岩石覆面的座椅区相搭配，其中烧烤炉与煤气管道相连，保证了这里的能量供应。

烧烤凉亭的四周以穿孔的钢片围绕，由 Gardens of Steel 精心打造而成，激光雕刻的图案使人们视线能穿透屏障看到葱郁的植物背景。低合金高强度钢上面的锈色覆面与背后的'小宝石'荷花玉兰（*Magnolia grandiflora* 'Little Gem'）树叶的阴暗面 颜色相互映衬，增添了屏障的趣味性。

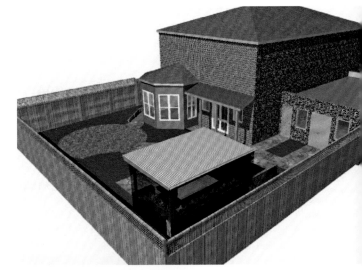

后庭园轴测图

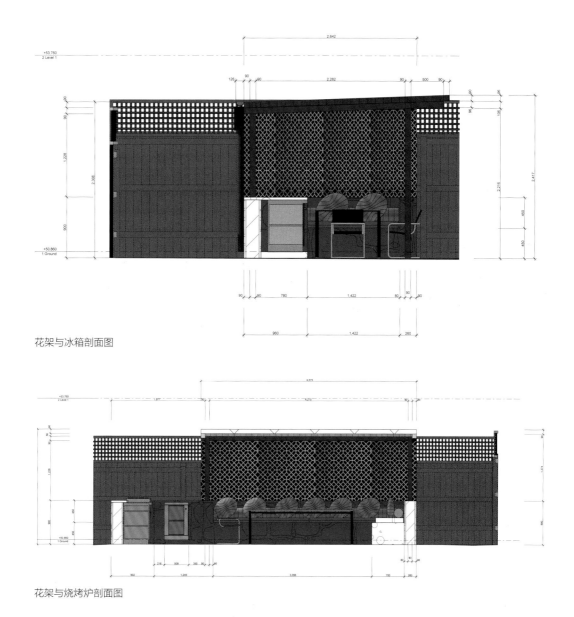

花架与冰箱剖面图

花架与烧烤炉剖面图

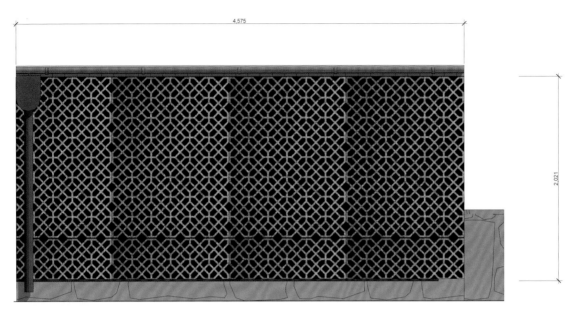

穿孔的钢质隔屏西面

鸣谢:

Acres Wild Landscape & Garden Design

1 Helm Cottages, Nuthurst
West Sussex, RH13 6RG, United Kingdom

www.acreswild.co.uk

enquiries@acreswild.co.uk

(01403) 891084

Charles Anderson | Atelier ps

85 Columbia Street, Suite 101
Seattle WA 98104, USA

www.ca-atelierps.com

info@charlesanderson.com

(206) 322 0672

Design Workshop

120 East Main Street
Aspen, Colorado 81611

www.designworkshop.com

dwi@designworkshop.com

970 925 8354

Grace Design Associates

3010 Paseo Tranquillo
Santa Barbara, CA 93105

www.gracedesignassociates.com

info@gracedesignassociates.com

805 687 3569

Jeremy Ferrier Landscape Architect

Suite 4/ 72 Vulture Street
West End, 4101

www.jeremyferrier.com.au

jeremy@jeremyferrier.com.au

07 3844 0700

Jim Fogarty Design Pty Ltd

2 Illowa Street, Malvern East
Victoria, 3145 Australia

www.jimfogartydesign.com.au

jim@jimfogartydesign.com.au

+61 3 9813 8550

Marcus Barnett Landscape and Garden Design

Studio CW8/9, The Cranewell
2 Michael Road, London SW6 2AD

www.marcusbarnettdesign.com

info@marcusbarnett.com

+44 (0) 20 7736 9761

Marpa Landscape Design Studio

1275 Cherryvale Road
Boulder, CO 80303

www.marpa.com

martinmosko@mac.com

(303) 442 5220

Philip Nash Design

7 Braunston House, The Island
Brentford, Middx, TW88ET

www.nashgardendesign.co.uk

nashgardendesign@googlemail.com

+44 (0)208 560 5046

Shades of Green Landscape Architecture

1306 bridgeway boulevard
sausalito, ca 94965

www.shadesofgreenla.com

info@shadesofgreenla.com

图书在版编目（CIP）数据

别墅庭园规划与设计 / 凤凰空间·华南编辑部编
. -- 南京：江苏人民出版社，2012.4
ISBN 978-7-214-07913-8

Ⅰ．①别… Ⅱ．①凤… Ⅲ．①别墅－庭院－园林设计
Ⅳ．①TU986.5

中国版本图书馆CIP数据核字（2012）第013245号

书　　　名	别墅庭园规划与设计
编　　　者	凤凰空间·华南编辑部
项 目 策 划	张晓敏　段建姣
责 任 编 辑	刘　焱
出 版 发 行	江苏人民出版社
出版社地址	南京市湖南路A楼，邮编：210009
总 经 销	天津凤凰空间文化传媒有限公司
总经销网址	http://www.ifengspace.cn
印　　　刷	天津久佳雅创印刷有限公司
开　　　本	889 mm×1 194 mm　1/16
印　　　张	11
版　　　次	2012年4月第1版　2022年5月第2次印刷
标 准 书 号	ISBN 978-7-214-07913-8
定　　　价	98.00元

（江苏人民出版社图书凡印装错误可向承印厂调换）